全国科学技术名词审定委员会

科学技术名词·工程技术卷（全藏版）

14

海峡两岸地理信息系统名词

海峡两岸地理信息系统名词工作委员会

国家自然科学基金资助项目

科 学 出 版 社

北 京

内 容 简 介

本书是由海峡两岸地理信息系统界专家会审的海峡两岸地理信息系统名词对照本，是在海峡两岸各自公布名词的基础上加以增补修订而成。内容包括基本概念、技术与应用、国内外主要组织机构及其他等三大类，共收词3437条。本书供海峡两岸地理信息系统界和相关领域的人士使用。

图书在版编目(CIP)数据

科学技术名词. 工程技术卷：全藏版 / 全国科学技术名词审定委员会审定.
—北京：科学出版社，2016.01
　ISBN 978-7-03-046873-4

　I. ①科…　II. ①全…　III. ①科学技术–名词术语　②工程技术–名词术语
IV. ①N-61　②TB-61

中国版本图书馆 CIP 数据核字(2015)第 307218 号

责任编辑：李玉英 / 责任校对：陈玉凤
责任印制：张　伟 / 封面设计：铭轩堂

科 学 出 版 社 出版
北京东黄城根北街 16 号
邮政编码：100717
http://www.sciencep.com
北京厚诚则铭印刷科技有限公司印刷
科学出版社发行　各地新华书店经销
*
2016 年 1 月第　一　版　开本：787×1092 1/16
2016 年 1 月第一次印刷　印张：14
字数：314 000
定价：7800.00 元(全 44 册)
(如有印装质量问题，我社负责调换)

海峡两岸地理信息系统名词工作委员会委员名单

召 集 人: 宫辉力　　李　京

委　　　员(按姓氏笔画为序):

    王彦兵　　王艳慧　　文江平　　刘若梅　　杜道生

    李小娟　　李玉英　　陈云浩　　周春平　　赵文吉

    蒋景瞳

召 集 人: 孫志鴻

委　　　員(按姓氏筆畫爲序):

    林立義　　林峰田　　陳繼藩　　曾清涼　　蔡世霖

    蔡博文　　賴政國　　蘇明道

序

　　科学技术名词作为科技交流和知识传播的载体,在科技发展和社会进步中起着重要作用。规范和统一科技名词,对于一个国家的科技发展和文化传承是一项重要的基础性工作和长期性任务,是实现科技现代化的一项支撑性系统工程。没有这样一个系统的规范化的基础条件,不仅现代科技的协调发展将遇到困难,而且,在科技广泛渗入人们生活各个方面、各个环节的今天,还将会给教育、传播、交流等方面带来困难。

　　科技名词浩如烟海,门类繁多,规范和统一科技名词是一项十分繁复和困难的工作,而海峡两岸的科技名词要想取得一致更需两岸同仁作出坚韧不拔的努力。由于历史的原因,海峡两岸分隔逾50年。这期间正是现代科技大发展时期,两岸对于科技新名词各自按照自己的理解和方式定名,因此,科技名词,尤其是新兴学科的名词,海峡两岸存在着比较严重的不一致。同文同种,却一国两词,一物多名。这里称"软件",那里叫"软体";这里称"导弹",那里叫"飞弹";这里写"空间",那里写"太空";如果这些还可以沟通的话,这里称"等离子体",那里称"电浆";这里称"信息",那里称"资讯",相互间就不知所云而难以交流了。"一国两词"较之"一国两字"造成的后果更为严峻。"一国两字"无非是两岸有用简体字的,有用繁体字的,但读音是一样的,看不懂,还可以听懂。而"一国两词"、"一物多名"就使对方既看不明白,也听不懂了。台湾清华大学的一位教授前几年曾给时任中国科学院院长周光召院士写过一封信,信中说:"1993年底两岸电子显微学专家在台北举办两岸电子显微学研讨会,会上两岸专家是以台湾国语、大陆普通话和英语三种语言进行的。"这说明两岸在汉语科技名词上存在着差异和障碍,不得不借助英语来判断对方所说的概念。这种状况已经影响两岸科技、经贸、文教方面的交流和发展。

　　海峡两岸各界对两岸名词不一致所造成的语言障碍有着深刻的认识和感受。具有历史意义的"汪辜会谈"把探讨海峡两岸科技名词的统一列入了共同协议之中,此举顺应两岸民意,尤其反映了科技界的愿望。两岸科技名词要取得统一,首先是需要了解对方。而了解对方的一种好的方式就是编订名词对照本,在编订过程中以及编订后,经过多次的研讨,逐步取得一致。

　　全国科学技术名词审定委员会(简称全国科技名词委)根据自己的宗旨和任务,始终把海峡两岸科技名词的对照统一工作作为责无旁贷的历史性任务。近些年一直本着积极推进,增进了解;择优选用,统一为上;求同存异,逐步一致的精神来开展这项工作。先后接待和安排了许多台湾同仁来访,也组织了多批专家赴台参加有关学科的名词对照研讨会。工作中,按照先急后缓、先易后难的精神来安排。对于那些与"三通"

有关的学科，以及名词混乱现象严重的学科和条件成熟、容易开展的学科先行开展名词对照。

在两岸科技名词对照统一工作中，全国科技名词委采取了"老词老办法，新词新办法"，即对于两岸已各自公布、约定俗成的科技名词以对照为主，逐步取得统一，编订两岸名词对照本即属此例。而对于新产生的名词，则争取及早在协商的基础上共同定名，避免以后再行对照。例如 101～109 号元素，从 9 个元素的定名到 9 个汉字的创造，都是在两岸专家的及时沟通、协商的基础上达成共识和一致，两岸同时分别公布的。这是两岸科技名词统一工作的一个很好的范例。

海峡两岸科技名词对照统一是一项长期的工作，只要我们坚持不懈地开展下去，两岸的科技名词必将能够逐步取得一致。这项工作对两岸的科技、经贸、文教的交流与发展，对中华民族的团结和兴旺，对祖国的和平统一与繁荣富强有着不可替代的价值和意义。这里，我代表全国科技名词委，向所有参与这项工作的专家们致以崇高的敬意和衷心的感谢！

值此两岸科技名词对照本问世之际，写了以上这些，权当作序。

2002 年 3 月 6 日

前　　言

随着海峡两岸地理信息系统学术交流不断加强,两岸学者发现部分地理信息系统名词在使用上存在着差异,同一概念定名不同,在交流中常常发生困惑。两岸地理信息系统专家迫切希望通过对地理信息系统名词的对照研讨,达成对名词的共识和一致,以利于增进两岸间地理信息系统学术交流和相关文献资料的编撰与检索。为此,全国科学技术名词审定委员会组织推动这项工作,并由两岸分别聘请专家组成"海峡两岸地理信息系统名词工作委员会"。2002年11月初在厦门市召开首次工作会议,确定了工作目标和任务安排;在全国科学技术名词审定委员会2002年公布的《地理信息系统名词》基础上,两岸学者拟定了4000余条地理信息系统名词,作为进一步工作的基础。此后数年,两岸专家在台北、台中、海南、香港、北京、大连、张家界、上海、威海等地召开十余次研讨会,并通过电子邮件交换修改补充意见。经过反复研讨,完成了《海峡两岸地理信息系统名词》全部审定工作。

《海峡两岸地理信息系统名词》共收录地理信息系统名词3437条,包括地理信息系统"基本概念""技术与应用""国际与主要国家组织、机构"等各类名词。对多种词义的名词着重选择与地理信息系统密切相关的词义,如anaglyph采用了"互补色",而未采用通用词义"浮雕"。对于尚未普遍使用的新词,如专用标准(profile)、论域(universe of discourse)等,通过反复推敲,尽可能求得一致,统一定名。

海峡两岸地理信息系统名词对照是一项新的工作,遗漏、不足在所难免。恳请各界专家和学者继续给予支持,提出修改、补充意见,以便进一步完善。

海峡两岸地理信息系统名词工作委员会

2008年7月29日

编 排 说 明

一、本书是海峡两岸地理信息系统名词对照本。

二、本书分正篇和副篇两部分。正篇按汉语拼音顺序编排;副篇按英文的字母顺序编排。

三、本书[ ]中的字使用时可以省略。

正篇

四、本书中祖国大陆和台湾地区使用的科技名词以"大陆名"和"台湾名"分栏列出。

五、本书正名和异名分别排序,并在异名处用(=)注明正名。

六、本书收录名词的对应英文名为多个时(包括缩写词)用","分隔。

副篇

七、英文名对应多个相同概念的汉文名时用","分隔,不同概念的用① ② ③分别注明。

八、英文名的同义词用(=)注明。

九、英文缩写词排在全称后的( )内。

目　　录

正 篇

A

大 陆 名	台 湾 名	英 文 名
阿伯斯投影	亞爾勃斯投影	Albers projection
安全端口层	安全端口層	secure socket layer, SSL
凹多边形	凹多邊形	concave polygon, re-entrant polygon
澳大利亚-新西兰土地信息理事会	澳洲-紐西蘭土地資訊委員會	Australian New Zealand Land Information Council, ANZLIC

B

大 陆 名	台 湾 名	英 文 名
八叉树	八元樹	octree
八进制记数法	八進位記數法	octal notation
八进制码	八進製碼	octal code
百万字节,兆字节,10^6字节	百萬位元組	megabyte, MB
颁布	頒佈	publish
版本	版本	version
版本管理	版本管理	version management
版本合并	版本合併	version merging
版本检验	版本檢驗	checkout version
版本一致	版本一致	version reconciliation
版本一致性	版本一致性	synchronization version
版面视图	版面視圖	layout view
半变异函数	半變異函數,半變異量	semivariogram
半长轴	半長軸	semi-major axis
半短轴	半短軸	semi-minor axis
半色调	半色調	halftone
半色调影像	半色調影像	halftone image
半自动数字化	半自動數化	semiautomated digitizing

大 陆 名	台 湾 名	英 文 名
邦联式数据库(=联邦式数据库)		
绑定	綁定	binding
包	封包	package
包含	包含	inclusion
包迹	包絡線	envelope
饱和度	飽和度	saturation
保留字	保留字	reserved word
曝光	曝光	exposure
曝光计(=光度计)		
北美基准	北美基準面	North American Datum, NAD
北移假定值	北移假定值	false northing
贝叶斯定理	貝氏理論	Bayes' theorem
贝叶斯统计	貝氏統計	Bayesian statistics
备份	備份	backup
备选键	後補鍵	candidate key
背景	背景	background
背景图像	背景影像	background image
被动[式]传感器	被動式感測器	passive sensor
被动遥感	被動式遙測	passive remote sensing
本初子午线	本初子午線	prime meridian
比例尺	比例尺	scale
比例范围	比例範圍	scale range
比例因子	比例因子	scale factor
比色计	比色計	chromometer
比特	位元	bit
笔式绘图机	筆式繪圖機	pen plotter
闭合差	閉合差	closure error
边界(=境界)		
边界测量	邊界測量	boundary survey
边界连接	邊緣連接	edge join
边框	邊框	border box
边缘,界线	邊緣,邊界	border, edge
边缘弧	邊界弧	border arc
边缘检测	邊緣偵測	edge detection
边缘检测滤波器	邊緣檢測濾鏡	edge detection filter
边缘拟合法	邊緣附合法	edge fitting method
边缘匹配(=接边)		

大　陆　名	台　湾　名	英　文　名
边缘增强	邊緣增強	edge enhancement
编辑	編輯	edit
编辑草图	編輯草圖	edit sketch
编辑工具条	編輯工具列	editor toolbar
编辑校核	編輯校核	edit verification
编辑器	編輯器	editor
编码	編碼	coding, encoding
编码处理	編碼處理	encoding process
编码规则	編碼規則	encoding rule
编码模式	編碼模式	encoding schema
编码模型	編碼模型	encoding model
编码数据串	編碼資料串	encoded data string
编码值域	編碼值域	coded value domain
编译	編譯	compile
编译器	編譯器	compiler
编译语言	編譯器語言	compiler language
扁椭球	扁橢球	oblate ellipsoid
变化检测	變遷偵測	change detection
变换	轉換	conversion
变换模式	對話模式	conversational mode
变量	變量	variable, variant
变量图	變異圖	variogram
变形(=畸变)		
遍历法	遍曆法	traversal method
标定(=校准)		
标竿测试	標竿測試	benchmark testing
标记	標記	flag
标记冲突	標籤衝突	label conflict
标记值	標記值	tagged value
标签	標籤	tag
标识,识别	標識	identity, identification, ID
标识点	標示點	label point
标识符	標識符	identifier
标示器(=光标)		
标题行	標題行	header line
标注	標籤	label
标桩	標樁	post
标准	標準	standard

大　陆　名	台　湾　名	英　文　名
标准差	標準差	standard deviation
标准差分类	標準差分類	standard deviation classification
标准工业分类码	標準工業分類碼	standard industrial classification code, SIC code
标准化	標準化	standardization
标准化过程	標準化過程	standardization process
标准交换格式	標準交換格式	standard interchange format, SIF
标准模板	標準模板	normal template
标准纬线	標準緯線	standard parallel
表	表格	table
表达式	表達式	expression
表面	表面	surface
表面模式	表面模式	surface mode
表面模型	表面模型	surface model
表视图	表視圖	table view
并行处理	並聯處理	parallel processing
并行处理器	並聯處理器	parallel processor
并行管理	平行管理	concurrency management
并行通信	並聯通訊	parallel communication
并行应用	平行應用	concurrent use
波长	波長	wavelength
波段	波段	band
L 波段	L 波段	L-band
波段比	波段比率	band ratio
波段交错格式	波段交錯格式	band interleaving format
波段顺序格式	波段循序格式	band sequential format
波特率	鮑率	baud rate
捕捉	相接	snapping
捕捉范围	捕捉範圍	snapping extent
捕捉环境	捕捉環境	snapping environment
捕捉距离	相接距離	snapping distance
捕捉容差	捕捉容差	snapping tolerance
捕捉特性	捕捉特性	snapping properties
捕捉提示	捕捉提示	snap tip
捕捉优先级	捕捉優先級	snapping priority
不闭合多边形	漏隙多邊形	leaking polygon
不规则三角网	不規則三角網	triangulated irregular network, TIN
不规则三角网数据集	不規則三角網資料集	TIN data set

大　陆　名	台　湾　名	英　文　名
不规则三角网图层	不規則三角網圖層	TIN layer
不规则三角网线类型	不規則三角網線類型	TIN line type
不可展面	不可展面	undevelopable surface
不确定性	不確定性	uncertainty
布尔表达式	布林運算式	Boolean expression
布尔运算符	布林運算子	Boolean operators
步行模式	步行模式	walk mode

C

大　陆　名	台　湾　名	英　文　名
裁剪	裁取	clip
采集,获取	採集,獲取	capture, cull
采样	取樣	sample
采样策略	取樣策略	sampling strategy
采样间隔	取樣間隔	sampling interval
采样密度	取樣密度	sampling density
采样模式,抽样模式	取樣模式	sampling schema
彩色合成	色彩合成	color composition
彩色监视器	彩色監視器,紅−綠−藍三色監視器	RGB monitor
彩色图	彩色圖	color map
菜单(＝选单)		
菜单铵钮(＝选单按钮)		
菜单盒(＝选单盒)		
菜单控制程序(＝选单控制程序)		
菜单条(＝选单条)		
菜单项(＝选单项)		
参考比例尺	參考比例尺	reference scale
参考地图	參考地圖	reference map
参考模型	參考模式	reference model
参考数据	參考資料	reference data
参考数据源	參考資料來源	reference data source
参考椭球	參考橢球體	reference ellipsoid
参考文件	參考文件	reference file
参数	參數	parameter
参数估计	參數估計	parameter estimation

大　陆　名	台　湾　名	英　文　名
参数曲线	參數曲線	parametric curve
参照,参考	參照,參考	reference
参照点	參照點	reference point
参照基准	參照基準	reference datum
参照完整性	參照完整性	referential integrity
参照系	參照系	reference system
操作	操作	operation
操作代码	操作代碼	operation code
操作对象	運算對象	operand
操作系统	作業系統	operating system, OS
操作优先权	操作優先權	operator precedence
操作员	操作員	operator
草案	草稿	draft
草图	草圖	sketch
草图操作	草圖操作	sketch operation
草图工具	草圖工具	sketch tool
草图约束	草圖約束	sketch constraint
侧向投射过程	側向投射過程	side-shot course
侧向位移	側向位移	side offset
测标	測標	survey mark
测点	測點	survey point
测量	測量	surveying
测量层	測量層	survey layer
测量残差	量測殘差	measurement residual
测量单位	測量單位	unit of measure
测量对象	測量對象	survey object
测量工程	測量工程	survey project
测量类	測量類	survey class
测量数据集	測量資料集	survey data set
测量误差	量測誤差	measurement error
测试判定	測試判定	test verdict
测试平台	測試平台	testbed
测图	製圖	mapping
测站	測站	survey station
层次	層次	level
层次存储	階層式儲存	hierarchical storage
层次分区	階層式分區	hierarchical districts
层次关系	階層式關係	hierarchical relationship

大　陆　名	台　湾　名	英　文　名
层次化	階層化	hierarchization
层次计算机网络	階層式電腦網路	hierarchical computer network
层次结构	階層式結構	hierarchical structure
层次空间关系	階層式空間相關	hierarchical spatial relationship
层次模型	階層式模型	hierarchical model
层次数据结构	階層式資料結構	hierarchical data structure
层次数据库	階層式資料庫	hierarchical database
层次数据库结构	階層式資料庫結構	hierarchical database structure
层次数据模型	階層式資料模型	hierarchical data model
层次文件结构	階層式檔案結構	hierarchical file structure
层次细节模型	層次細節模型	level of detail, LOD
层次序列	階層式序列	hierarchical sequence
层文件	圖層檔案	layer file
插件	插件	plug-in
插入	插入	insert
插入数据源	插入資料源	plug-in data source
查询,检索	查詢,搜尋	query, inquiry, search
查询表达式	查詢表達式	query expression
查询窗口	查詢視窗	query window
查询服务器	查詢服務器	query server
查询界面	查詢介面	query interface
查询网络服务	查詢網路服務	query web service
查询语言	查詢語言	query language
查找表	對照表	look-up table, LUT
查找关注点	查找關註點	find point of interest
查找路径	查找路徑	find route
差分定位	差分定位	differential positioning
差分全球定位系统	差分全球定位系統	differential global positioning system, DGPS
差值图像	差分影像	difference image
产品规范	産品規格	product specification
长事务处理	長交易處理,長交易處理	long transaction
场景	景象	scene
超光谱(＝高光谱)		
超链接	超鏈結	hyperlink
超媒体	超媒體	hypermedia
超图	超圖形	hypergraph

大　陆　名	台　湾　名	英　文　名
超文本	超文字	hypertext
超文本传输协议	超文字轉換協定	hypertext transfer protocol，HTTP
超文本链接标记语言 （=超文本链接标 语言）		
超文本链接置标语言， 　超文本链接标记语言	超文字連結置標語言	hypertext markup language，HTML
超文本置标语言阅读器	超文字置標語言閱讀器	HTML viewer
潮位基准	潮位基準	tidal datum
成本-效益分析	成效分析	cost-benefit analysis
成像	成像	imaging
成像光谱仪	成像光譜儀	imaging spectrometer
成像雷达	成像雷達	imaging radar
成像系统	成像系統	imaging system
城市地理信息系统	都市地理資訊系統	urban geographic information system， 　UGIS
城市管理信息系统	都市管理資訊系統	urban management information system， 　UMIS
程序	程式	program
程序标识码	程式標識碼	ProgID
程序缺陷	錯誤	bug
持续性	持續性	persistence
持续性锁定	持續性鎖定	persistent lock
尺度风格	尺度風格	dimension style
尺度要素	尺度要素	dimension feature
尺度要素类	尺度要素類	dimension feature class
赤道	赤道	equator
赤道面	赤道面	equatorial aspect，equatorial plane
冲突	衝突	conflict
冲突解决方案	衝突解決方案	conflict resolution
重采样	重新取樣	resampling
重叠	重疊	overlap
重叠多边形	重疊多邊形	overlaid polygon
重叠环	重疊環	overlapping rings
重叠像对	重疊像對	overlapping pair
重放窗口	重放視窗	playback window
重放模式	重放模式	playback mode
重分类	重分類	reclassification

大　陆　名	台　湾　名	英　文　名
重匹配	重匹配	rematching
抽象	抽象化	abstraction
抽象测试方法	抽象測試方法	abstract test method
抽象测试模块	抽象測試模型	abstract test module
抽象测试套件	抽象測試組	abstract test suite
抽象测试项	抽象測試案例	abstract test case
抽象程度	抽象程度	abstraction level
抽象世界	抽象世界	abstract universe
抽象数据类型	抽象資料型態	abstract data type, ADT
抽样模式(=采样模式)		
稠密数据	稠密資料	dense data
出版用地图文件	出版用地圖文件	published map file
初始拓扑	初始拓撲	preliminary topology
处理	處理	processing
传感器	傳感器	sensor
传感器采集服务	感測器服務	sensor collection service, SCS
传感器模型语言	感測器模式語言	sensor model language, SML
传感器网络	感測器網路	sensor web
传送	傳送	transmission
串行化	串行化	serialization
串行化文件	串行化文件	serialization file
串行通信	序列式通訊	serial communication
窗口视图,全景视图	一覽圖視窗	overview window
垂向控制	垂向控制	vertical control
垂向控制基准	垂向控制基準	vertical control datum
垂向夸张	垂向誇張	vertical exaggeration
垂直摄影像片	垂直攝影像片	vertical photograph
磁北极	磁北極	north magnetic pole
磁力仪	磁力計	magnetometer
磁偏角	磁偏角	magnetic declination
粗码	原始取得碼	coarse acquisition code, C/A code
存储关键字	存儲關鍵字	storage keyword
存储芯片	記憶體晶片	memory chip
存档	歸檔	archiving
存取,访问	進入,存取	access
存取安全性	存取安全性	access security
存取方法	存取方法	access method
存取分组	存取群組	access group

大　陆　名	台　湾　名	英　文　名
存取级,访问级	存取等级	access level
存取技术	存取技術	access technology
存取控制	存取控制	access control
存取类型	存取類型	access type
存取链接方式	存取鏈接方式	access linking mechanism
存取路径	存取路徑	access path
存取目录	存取目錄	access directory
存取权限	存取權限	access right
存取时间	存取時間	access time

D

大　陆　名	台　湾　名	英　文　名
打样图	校驗繪圖	proof plot
打印机	印表機,打印機	printer, PRN
大比例尺	大比例尺	large scale
大地参照系	大地參考系統	geodetic reference system
大地测量	大地測量	geodetic survey
大地测量学	大地測量學	geodesy
大地高	大地高度	geodetic height
大地基准	大地測量基準面	geodetic datum
大地控制	大地控制	geodetic control
大地控制点登记簿	大地控制點登記冊	register of geodetic points
大地水准面	大地水準面	geoid
大地坐标	地理坐標	geodetic coordinates
大气窗口	大氣窗	atmospheric window
大气校正	大氣效應校正	atmospheric correction
大气路径长度	大氣路徑長度	atmospheric path length
大气路径辐射	大氣路徑輻射	atmospheric path radiance
大气吸收	大氣吸收	atmospheric absorption
大圆	大圓	great circle
大圆航线	大圓圈線	orthodrome
代理	代理人程式	agent
代理对象	代理對象	proxy object
代理商	捐客	broker
代码	代碼	code
代数模型	代數模型	algebraic model
带	带	zone

大　陆　名	台　湾　名	英　文　名
带宽	頻寬	bandwidth
带通滤波器	帶通濾波器	band pass filter
带状分析	帶狀分析	zonal analysis
单点定位	單點定位	single point positioning
单个记号	單個記號	single token
单个使用	單個使用	single use
单精度	單精度	single precision
单频	單頻	monochromatic
单色影像	單色影像	monochromatic image
单态类	單態類	singleton
单一对象访问协议	簡單物件存取協定	simple object access protocol, SOAP
单用户地理数据库	單用戶地理資料庫	single-user geodatabase
单元自动演化［算法］， 　元胞自动机	細胞自動機	cellular automata
单圆锥投影	簡單圓錐投影	simple conic projection
当前工作区	當前工作區	current workspace
当前任务	當前任務	current task
当前坐标	當前坐標	current coordinate
档案	歷史檔案	archive
导航	導航	navigation
导航服务	航行服務	navigation service
导入	載入	import
导线	導線	traverse
导线路线	導線路線	traverse course
岛状多边形	島形多邊形	island polygon
道格拉斯–普克算法	道格拉斯–普克演算法	Douglas-Peucker algorithm
［德国］官方地形制图 　信息系统	官方地形製圖資訊系統	Authoritative Topographic-Cartographic 　Information System, ATKIS
登记	登記	check-in
登录	登入	login, logon
等变形线	等變形線	distortion isograms
等待时间	等待時間	wait time
等高距	等高線間距	contour interval
等高线	等高線	contour, contour line
等高线标注	等高線標示	contour tagging
等积地图投影	等積地圖投影	homolosine map projection
等积投影	等積投影	equal area projection
等间隔分类	等間隔分類	equal interval classification

大　陆　名	台　湾　名	英　文　名
等角航线	大圓圈線	rhumb line
等角投影(=正形投影)		
等距方位离投影	等距方位離投影	azimuthal equidistant projection
等距投影	等距投影	equidistant projection
等容线	等容線	isometric line
等深线	等深線	isobath, depth contour
等温线	等溫線	isotherm
等压线	等壓線	isobar
等值区域	等值區域	choropleth
等值区域图	等值區域圖	choropleth map
等值区域制图	等值區製圖	choroplethic mapping
等值线	等值線	isarithmic line
等值线标注	等值線標示	contour tagging
等值线生成	等值線繪製	contouring
等值线图	等值線圖	isarithmic map
等值线显示	等值線顯示	contour display
低级编程语言	低階語言	low level language
低通滤波	低通濾波	low pass filtering
低通滤波器	低階濾鏡	low pass filter
迪伊克斯特拉算法	狄格斯特演算法	Dijkstra's algorithm
笛卡儿积	笛卡爾積	Cartesian product
笛卡儿坐标系	笛卡爾坐標系統	Cartesian coordinate
底图(=基础地图)		
地标	地標	landmark
地表模型内插区	內插區	zone of interpolation
地方坐标系	局部坐標系統	local coordinate system
地固坐标系	地固坐標系	earth-fixed coordinate
地籍	地籍	cadastre
地籍册	地籍冊	land terrier
地籍调查	地籍測量	cadastral survey
地籍管理	地籍管理	cadastral management
地籍名册	地籍清冊	cadastral lists
地籍清单	地籍清單	cadastral inventory
地籍属性	地籍屬性	cadastral attribute
地籍数据层	地籍圖層	cadastral layer
地籍数据库	地籍資料庫	cadastral database
地籍图	地籍圖	cadastral map
地籍图叠加	地籍圖套疊	cadastral overlay

大　陆　名	台　湾　名	英　文　名
地籍图序列	地籍圖序列	cadastral map series
地籍信息	地籍資訊	cadastral information
地籍信息系统	地籍資訊系統	cadastral information system
地籍要素	地籍圖徵	cadastral feature
地籍制图	地籍製圖	cadastral mapping
地籍注册系统	地籍註冊系統	deeds registry system
地块	［土地］區塊	lot
地理边界	地理邊界	geographic boundary
地理编码	地理編碼	geocoding, geographic coding, geocode
地理编码编辑器	地理編碼編輯器	geocoding editor
地理编码参考数据	地理編碼參考資料	geocoding reference data
地理编码处理	地理編碼處理	geocoding process
地理编码服务	地理編碼服務	geocoding service, geocode service
地理编码服务器	地理代碼伺服器	geocode server
地理编码平台	地理編碼平台	geocoding platform
地理编码索引	地理編碼索引	geocoding index
地理编码系统	地理編碼系統	geocoding system
地理编码样式	地理編碼樣式	geocoding style
地理编码引擎	地理編碼引擎	geocoding engine
地理变换	地理轉換	geographic transformation
地理标记语言（＝地理置标语言）		
地理标识符	地理辨識符號	geographic identifier
地理参考数据	地理參考資料	geographically referenced data
地理查询语言	地理查詢語言	geographic query language, GQL
地理代数	地理代數	geo-algebra
地理带	地理帶	geographic zone
地理调查	地理測量	geographic survey
地理定位	地理定位	geolocation
地理方位角	地理方位角	geographic azimuth
地理方向	地理方向	geographic direction
地理分布	地理分佈	geo-distribution
地理分析	地理分析	geographic analysis
地理格网	地理網格	geographic grid
地理基础文件	地理基礎文件	geographic base file, GBF
地理/结构化查询语言	地理/結構化查詢語言	geographic/structured query language
地理经度	地理經度	geographic longitude
地理经圈	地理經圈	geographic vertical

大　陆　名	台　湾　名	英　文　名
地理景观	地理景觀	geographic landscape
地理可视化	地理可視化	geographic visualization
地理空间门户	地理空間入口	geospatial portal
地理空间数据仓库	地理空間資料倉儲	geospatial data warehouse
地理空间数据交换网站	地理空間資料交換網站	geospatial data clearinghouse
地理空间信息	地理空間資訊	geospatial information
地理空间信息学	地理空間資訊學	geomatics
地理名称	地理名稱	geographic name
地理模型	地理模型	geographic model
地理目标	地理物件	geographic objects
地理人口统计学	地理人口統計學	geodemographics
地理实体	地理實體	geographic entity
地理视距	地理視距	geographic viewing distance
地理数据	地理資料	geographic data
地理数据集	地理資料集	geographic data set, geodataset
地理数据库	地理資料庫	geodatabase, geographic database
地理数据库管理	地理資料庫管理	geographic database management, GDBM
地理数据库类别	地理資料庫目錄	geographic database category
地理数据库数据模型	地理資料庫資料模型	geodatabase data model
地理数据文件	地理資料檔	geographic data files, GDF
地理索引	地理索引	geographic index
地理索引文件	地理索引檔	geographically indexed file
地理特征(=地理要素)		
地理通名	地理通名	geographical general name
地理统计	地理統計	geostatistics
地理图	地理圖	geographical map
地理纬度	地理緯度	geographic latitude
地理纬圈	地理緯度圈	geographic parallel
地理位置	地理位置	geographic location, geographic position
地理细化模型	地理細化模型	geospecific model
地理相关模型	地理相關模型	georelational model
地理相关数据模型	地理相關資料模型	georelational data model
地理信息	地理資訊	geographic information
地理信息标准	地理資訊標準	geographic information standard
地理信息分析	地理資訊分析	geographic information analysis
地理信息科学	地理資訊科學	geographic information science
地理信息系统	地理資訊系統	geographic information system, GIS
地理信息系统服务器	地理資訊系統伺服器	GIS server

大　陆　名	台　湾　名	英　文　名
地理学	地理學	geography
地理要素,地理特征	地理特徵	geographic feature
地理要素数据	地理特徵資料	geographic feature data
地理要素数据集	地理資料庫圖徵資料集	geodatabase feature data set
地理制图	地理製圖	geocartography
地理置标语言,地理标记语言	地理置標語言,地理標記語言	geographic markup language，GML
地理置标语言应用模式	地理置標語言應用標準	GML application schema
地理中心	地理中心	geographic center
地理子午线	地理子午線	geographic meridian
地理坐标	地理坐標	geographic coordinate
地理[坐标]参照	地理[坐標]參考	georeference
地理[坐标]参照系	地理[坐標]參考系統	georeference system
地理坐标网	地理網格	graticule
地理坐标系	經緯度坐標系統	latitude-longitude coordinate system
地面分辨率	地面解析度	ground resolution
地面接收站	地面接收站	ground receiving station
地面控制	地面控制	ground control
地面控制点	地面控制點	ground control point，GCP
地名	地名	toponym
地名录	地名辭典	gazetteer
地名索引	地名索引	geographical name index
地名信息系统	地名資訊系統	geographic names information system
地名学	地名學	toponymy
地平线	地平線	horizon
地球表面	地球表面	earth surface
地球静止轨道	地球同步軌道	geostationary orbit
地球空间信息学	地理空間資訊學	geoinformatics
地球球体	地球球體	earth spheroid
地球同步轨道	地球同步軌道	earth synchronous orbit
地球同步卫星	地球同步衛星	geo-synchronous satellite
地球椭球体	地球椭球體	earth ellipsoid
地球卫星专题遥感	地球衛星專題遙測	earth satellite thematic sensing
地球形状	地球形狀	earth shape，earth figure
地球有效半径	地球有效半徑	effective radius of the earth
地球正常等位面	地球正常等位面	earth spherop
地球质心椭球体	地球質心椭球體	earth-centered ellipsoid
地球重力场模型	地球重力模型	earth gravity model

大　陆　名	台　湾　名	英　文　名
地球资源观测卫星	地球資源觀測衛星	earth resources observation satellite
地球资源观测系统	地球資源觀測系統	earth resources observation system, EROS
地球资源技术卫星	地球資源科技衛星	earth resources technology satellite
地球资源信息系统	地球資源資訊系統	earth resources information system, ERIS
地球坐标系统	地球坐標系統	spherical coordinate system
地区编码	地區編碼	district coding
地区空间数据基础设施	區域空間資料基礎建設	regional spatial data infrastructure, RSDI
地区一览图	地區一覽圖	chorographic map
地势图	高程圖	relief map
地图	地圖	map
地图比例尺	地圖比例尺	map scale
地图编绘	地圖編繪	map compilation
地图编辑	地圖編輯	map editing
地图编辑软件	地圖編輯軟體	cartographic editing software
地图变形	地圖變形	map distortion
地图插图	插圖	inset map
地图查询	地圖查詢	map query
地图代数	地圖代數	map algebra
地图叠置	地圖套疊	map overlay
地图叠置分析	地圖套置分析	map overlay analysis
地图定位文件	地圖位置檔案	map positional file
地图分发,地图供应	地圖供應	map distribution
地图分析	地圖分析	cartographic analysis
地图服务器	地圖伺服器	map server
地图符号	地圖符號	map symbol
地图复制	地圖複製	map duplicate, map reproduction
地图格网	地圖網格	map grid
地图更新	地圖更新	map revision
地图供应(=地图分发)		
地图规范	製圖規範,地圖規格	map specification
地图缓存	地圖緩存	map cache
地图加载	地圖載入	map load
地图接边	地圖校正	map adjustment
地图界限	地圖界限	map limits
地图精度(=地图准确度)		
地图库	地圖庫	map library
地图模板	地圖模板	map template

大　陆　名	台　湾　名	英　文　名
地图匹配	地圖匹配	map matching
地图容量	地圖內容負載量	load of map content
地图设计	地圖設計	map design
地图生产	地圖生產	map production
地图生产系统	地圖生產系統	map production system，MPS
地图数据	地圖資料	cartographic data
地图数据概念	地圖資料概念	cartographic data concept
地图数据格式标准	地形圖資料格式標準	cartographic data format standard
地图数据检索	地圖資料檢索	map data retrieval
地图数据交换格式	地圖資料交換格式	mapping data interchange format，MDIF
地图数据库	地圖資料庫	map database，cartographic database
地图数据库管理系统	地形圖資料庫管理系統	cartographic database management system
地图数据模型	地形圖資料模型	cartographic data model
地图数据文件	地圖資料檔	map data file
地图数字化	地圖數位化	map digitizing
地图投影	地圖投影	map projection
地图投影变形	地圖投影變形	map projection distortion
地图投影分类	地圖投影分類	map projection classification
地图投影系统	地圖投影系統	map projection system
地图投影转换	地圖投影轉換	map projection transformation
地图图层	圖層,資料層	map coverage
地图拓扑	地圖位相關系	map topology
地图网络服务	地圖網路服務	map web service
地图文件	地圖文件	map document
地图系列	地圖系列	map series
地图显示	地圖顯示	map display
地图信息	地形圖資訊	cartographic information
地图信息传输	地圖訊息傳輸	cartographic communication
地图信息系统	地形圖資訊系統	cartographic information system
地图学	地圖學	cartography
地图印刷	地圖印刷	map printing
地图语义	地形圖語義	cartographic semantics
地图元素	地圖元素	map element
地图整饰	地圖整飾	map decoration
地图制图	製圖	map making
地图注记	文字置放	map annotation
地图准确度,地图精度	地圖正確度	map accuracy
地图综合	地圖縮編	map generalization

大　陆　名	台　湾　名	英　文　名
地图坐标原点	地圖坐標原點	map origin
地物波谱特性	物件光譜特性	object spectrum characteristic
地心基准	地心基準	geocentric datum
地心坐标系	地心坐標系	geocentric coordinate system
地形	地形	terrain, landform
地形测量学	地形學	topography
地形分析	地形分析	terrain analysis, topographic analysis
地形分析功能	地形分析功能	topographic function
地形浮雕	地形浮雕	terrain emboss
地形改正	地形改正	terrain correction
地形模型	地形模型	terrain model, relief model
地形剖面	地形剖面	profile
地形数据库	地形資料庫	topographical database
地形特性	地形特徵	terrain features
地形图	地形圖	topographic map
地形图图式	地形圖符號	topographic map symbols
地形线划图	地形線劃圖	topographic line map, TLM
地形信息	地形資訊	terrain information
地形要素	地物	topographic features
地形因子	地形因子	terrain factor
地学分析	地學分析	geo-analysis
地学数据	地學資料	geodata
地学信息处理	地理處理	geoprocessing
地学信息系统	地球資訊系統	geo-information system
地址	位址	address
IP 地址	IP 位址	IP address
地址编码	位址編碼	address coding
地址存取类型	位址存取類型	address access type
地址地理编码	位址地理編碼	address geocoding
地址范围	位址範圍	address range
地址匹配	位址對位	address matching
地址总线	位址匯流排	address bus
地质数据库	地質資料庫	geological database
地质影像图	地質影像圖	geological photomap
地质制图	地質製圖	geological mapping
递归	遞迴	recursion
第二范式	第二級正規劃	second normal form, 2NF
点	點	point, dot

大　陆　名	台　湾　名	英　文　名
点标识符字段	點標識符字段	point identifier field
点冲突	點衝突	point collision
点分布图	點分佈圖	dot distribution map
点每英寸	點每英寸	dot per inch, dpi
点密度图	點密度圖	dot density map
点名称前缀	點名稱前綴	point name prefix
点名称注记	點名稱註記	point name flag
点模式	點數化模式	point mode
点模式数字化	點模式數位化	point mode digitizing
点群	點群	mass point, point cluster
点事件	點事件	point event
点图	點子圖	dot map
点图层	點圖層	point coverage
点线层叠加	點線圖層疊合	line-on-point overlay
点要素	點要素	point feature
点与坐标分析	點與坐標分析	point and coordinate analysis
点在多边形中叠加	點在多邊形中疊加	point-in-polygon overlay
点状符号	點符號	point symbol
电磁波谱	電磁波譜	electromagnetic spectrum
电磁辐射	電磁輻射	electromagnetic radiation
电荷耦合器件	電荷耦合裝置	charge coupled device, CCD
电源	電源	power
电子测量方位	電子式方位測量	electronic bearing
电子成像系统	電子成像系統	electronic imaging system
电子出版系统	電子出版系統	electronic publishing system
电子地图	電子地圖	electronic map
电子地图集	電子地圖集	electronic atlas
电子海图	電子海圖	electronic chart, electronic navigational chart, ENC
电子海图数据库	電子海圖資料庫	electronic chart database, ECDB
电子海图显示信息系统	電子海圖與顯示資訊系統	electronic chart and display information system, ECDIS
电子行扫描仪	電子線性掃描器	electronic line scanner
电子绘图板	電子繪圖板	electronic drawing tablet
电子刻图机	電子刻圖機	electronic engraver
电子数据采集	電子資料收集	electronic data collection
电子数据处理	電子資料處理	electronic data processing, EDP
电子数据交换	電子資料交換	electronic data interchange, EDI

大　陆　名	台　湾　名	英　文　名
电子文档管理系统	電子文件管理系統	electronic document management system, EDMS
迭代过程	疊代過程	iterative procedure
叠加	疊合	overlay
叠加操作	重疊處理	overlay operation
叠加分析	套疊分析	overlay analysis
叠印	疊印	overprinting
叠置	疊置	flap
顶点(=折点)		
定长记录格式	固定長度記錄格式	fixed length record format
定界	定界	delimitation
定界符	定義符號	delimiter
定时数据	定時資料	fixed time data
定位	定位	localization, positioning
定位参照系	定位參考系統	positional reference system
定位器	定位器	locator
定位误差	定位誤差	position error
定位系统	定位系統	positioning system
定性的	定性的	qualitative
定义训练区	定義訓練區	defined study area
定制,自定义	用戶	custom
定制方法	用戶方法	custom behavior
定制工具	用戶工具	custom tool
定制工具集	用戶工具集	custom toolset
东移假定值	東移假定值	false easting
动画	動畫	animation
动画制图	動畫地圖製作	animated mapping
动态超文本标记语言	動態超文本標記語言	dynamic HTML
动态定位	動態定位	kinematic positioning
动态分段	動態分割	dynamic segmentation
动态链接库	動態連接庫	dynamic link library, DLL
动态数据交换	動態資料交換	dynamic data exchange, DDE
动态要素类	動態要素類別	dynamic feature class
洞,孤立多边形	孤立多邊形	hole
独立平台	獨立平台	platform independent
独立坐标系(=工程坐标系)		
度	度	degree

大　陆　名	台　湾　名	英　文　名
度分秒	度分秒	degree-minute-second, DMS
端点	端點	dead end
端点连接	終點連接	end-point connectivity
端口数	端口數	port number
短轴	短軸	minor axis
断点	斷點	break
断线(=转折线)		
队列	仁列	queue
对比,反差	對比,反差	contrast
对比度	反差比率	contrast ratio
对比拉伸(=反差扩展)		
对地观测	對地觀測	earth observation, EO
对地观测数据管理系统	對地觀測資料管理系統	earth observation data management system, EODMS
对地观测卫星	對地觀測衛星	earth observation satellite
对地观测系统	對地觀測系統	earth observation system, EOS
对地静止卫星	地球同步衛星	geostationary satellite
对话框	對話框,對話視窗	dialog box
对偶独立地图编码	雙獨立地圖編碼	dual independent map encoding, DIME
对象	物件	object
对象池技术	物件池	object pooling
对象定义语言	物件定義語言	object definition language
对象技术	物件技術	object technology
对象库	物件庫	object library
对象类	物件類別	object class
对象链接和嵌入	物件連結與嵌入	object linking and embedding, OLE
对象模型图	物件模型圖	object model diagram
多边形	多邊形	polygon
G 多边形	G-多邊形	G-polygon
多边形叠加	多邊形疊合	polygon overlay
多边形-弧段拓扑	多邊形-弧段拓撲	polygon-arc topology
多边形化	多邊形化	polygonization
多边形检索	多邊形擷取	polygon retrieval
多边形内点判断	點與多邊形疊合處理	point-in-polygon operation
多边形内线判断	線與多邊形疊合處理	line-in-polygon operation
多边形图层	多邊型圖層	polygon coverage
多边形要素	多邊形要素	polygon feature
多波段接受器	多波段接受器	multichannel receiver

大　陆　名	台　湾　名	英　文　名
多重回归,多元回归	多重回歸	multiple regression
多点	多點	multipoint
多点要素	多點圖徵	multipoint feature
多对多	多對多	many-to-many
多对多关系	多對多關係	many-to-many-relationship
多对一	多對一	many-to-one
多对一关系	多對一關係	many-to-one-relationship
多光谱	多光譜	multispectrum
多光谱扫描仪,多谱段 扫描仪	多光譜掃描器	multispectral scanner, MSS
多光谱摄影	多光譜攝影	multispectral photography, multi-band photography
多光谱数据集	多光譜資料集	multispectral data set
多媒体	多媒體	multimedia
多媒体 GIS	多媒體 GIS	multimedia GIS
多媒体关系数据库	多媒體關聯資料庫	multimedia relational database
多媒体关系数据库管理 系统	多媒體關聯資料庫管理 系統	multimedia relational database manage- ment system
多媒体系统	多媒體系統	multimedia system
多面体	多面體	polyhedron
[多面体的]面	面	face
多面体投影	多面體投影	polyhedric projection
多模式网络	多模式網路	multimodal network
多普勒变换	多普勒變換	Doppler shift
多谱段扫描仪(=多光 谱扫描仪)		
多时相数据集	多時段資料集	multi-temporal data set
多时相遥感	多日期遙測	multi-temporal remote sensing
多通道接受器	多通道接受器	multichannel receiver
多维数据	多維資料	multi-dimensional data
多元回归(=多重回归)		
多形态性	多形態性	polymorphism
多样性	多樣性	diversity
多用户	多使用者	multi-user
多用户操作系统	多使用者操作系統	multi-user operating system
多用户地理数据库	多使用者地理資料庫	multi-user geodatabase
多用途地籍图	多目標地籍圖	multi-purpose cadastre
多用途欧洲地面相关信	多目標歐洲地面相關資	Multi-purpose European Ground Related

大　陆　名	台　湾　名	英　文　名
息网络	訊網路	Information Network, MEGRIN
多余性误差	多餘性誤差	commission error
多圆锥投影	多圓錐投影	polyconic projection
多质心	多重形心	multiple centroids

E

大　陆　名	台　湾　名	英　文　名
[俄罗斯]全球导航卫星系统	[俄羅斯]全球導航衛星系統	Global Navigation Satellite System, GLONASS
[俄罗斯]全球轨道导航卫星系统	全球軌道衛星導航系統	Global Orbiting Navigation Satellite System
二叉树	二元樹	B-tree
二进制	二進位	binary
二进制大型目标	二進位大型物件	binary large object
二元同步控制	二元同步控制	binary synchronous control

F

大　陆　名	台　湾　名	英　文　名
发射	發射	transmission
发展适宜性指数	發展相適性指標	development suitability index
法国地球观测卫星	史波特衛星	Satellite Pour l'observation de la Terre, SPOT
反差扩展,对比拉伸	反差擴展	contrast stretching
反差增强	對比增強	contrast enhancement
反电子欺骗技术	反電子欺騙技術	anti-spoofing, AS
反定位服务	反定位服務	reverse geocoder service
反距离权重	反距離權重	inverse distance weighted, IDW
反射率(=反射系数)		
反射系数,反射率	反射率	reflectance
反视立体图	立體反視圖	pseudoscopic view
反转	返回	rollback
范本文件	範本文件	pattern file
范式	正規形式	normal form, NF
范围	地圖範圍	extension
方案	方案	solution
方差	方差,變方	variance

大 陆 名	台 湾 名	英 文 名
方差-协方差矩阵	方差-協方差矩陣	variance-covariance matrix
方程项	方程式項次	equation item
方位	方向角	bearing
方位等积方位投影	方位等積方位投影	azimuthal equal-area projection
方位角	方位角	azimuth
方位投影	方位投影	azimuthal projection
方位坐标	方位坐標	azimuth coordinate
方向	方向	orientation
方向滤波器	單向濾鏡	directional filter
方向字段	方向字段	direction field
仿射变换	仿射轉換	affined transformation
访问(=存取)		
访问级(=存取级)		
放大	放大	zoom in
放大镜窗口	放大鏡視窗	magnifier window
非不变性	非不變性	non-stationarity
非地理信息	非地理資訊	non-geographic information
非规范化	反正規化	denormalization
非结构化数据	無位相關係資料	spaghetti data
非结构化数据模型	無位相資料模式	spaghetti data model
非空间数据	非空間資料	non-spatial data, aspatial data
非时间性数据	非時間性資料	atemporal data
非时间性数据库	非時間性資料庫	atemporal database
非顺序索引文件	非循序索引檔	indexed non-sequential file
非图形属性数据	非圖形屬性資料	non-graphic attribute data
非图形数据	非圖形資料	non-graphic data
非语义信息	非語義資訊	non-semantic information
非政府组织	非政府組織	non-governmental organization, NGO
分辨率	解析度	resolution
分辨率融合	解析度融合	resolution merging
分布式处理	分散式處理	distributed processing
分布式处理网络	分散式處理網路	distributed processing network
分布式关系数据库结构	分散式資料庫結構	distributed relational database architecture, DRDA
分布式计算	分散式計算	distributed computing
分布式计算环境	分散式計算環境	distributed computing environment
分布式计算模型	分散式計算模型	distributed computing model
分布式计算系统	分散式計算系統	distributed computing system

大　陆　名	台　湾　名	英　文　名
分布式结构	分散式結構	distributed architecture
分布式内存	分散式記憶體	distributed memory
分布式数据处理	分散式資料處理	distributed data processing
分布式数据管理	分散式資料管理	distributed data management, DDM
分布式数据库	分散式資料庫	distributed database, DDB
分布式数据库管理系统	分散式資料庫管理系統	distributed database management system, DDBMS
分布式网络系统	分散式網路系統	distributed network system, DNS
分布式系统	分散式系統	distributed system
分布式组件对象模型	分佈式組件對象模型	distributed component object model, DCOM
分层地图可视化	圖層視覺化	layered map visualization
分层设色	分層設色	altitude tinting, hypsometric tinting
分层设色法	分層設色法	hypsography
分层设色图	分層設色圖	chorochromatic map, hypsometric map
分层显示	等高線顯示	contouring display
分带纠正	分帶糾正	zonal rectification
分带统计	分帶統計	zonal statistics
分带子午线	分帶子午線	zone dividing meridian
分段	分段	level slicing
分割	分割	partition
分割策略	分割策略	split policy
分割符	分割符	split character
分隔	分隔	delimitation
分隔符	分隔符號	delimiter
分光光度计	分光光度計	spectrophotometer
分级	階層	hierarchy
分级符号地图	分級符號地圖	graduated symbol map
分级间距,分类间距	分級間距,分類間距	class interval
分级设色地图	分級設色地圖	graduated color map
分解参数	分解參數	parsing parameter
分块	分片	tiling
分块改正	區塊改正	block correction
分块记录	區塊記錄	blocked record
分类	分類	classification
分类表	分類表	classification table
分类法,分类学	分類學	taxonomy
分类规则	分類規則	classification rule
分类间距(=分级间距)		

大　陆　名	台　湾　名	英　文　名
分类码	分類碼	classification code
分类模式	分類模式	classification schema
分类清单	分類清單	class list
分类图	分類圖	classification map
分类学(=分类法)		
分类影像	分類影像	classified image
分类正确率	分類正確率	percentage correctly classified
分类准确度	分類準確性	classification accuracy
分片	分刮	slicing
分区	分區	districting
分区密度地图	分區密度地圖	dasymetric map
分区统计图	分區統計圖	chorogram
分区统计图表法	分區統計圖法	chorisogram method
分数地图比例尺	分數地圖比例尺	fractional map scale
分数维(=分形)		
分水岭	分水嶺	watershed
分位数分类	分位數分類	quantile classification
分形,分数维	碎形,非整數維	fractal
[芬兰]国家土地调查局	芬蘭國家土地調查局	National Land Survey of Finland
封装	封裝	encapsulation
峰,山顶	峰頂	peak
服务	服務	service
GIS Web 服务	GIS Web 服務	GIS Web service
服务界面	服務介面	service interface
服务链	服務鏈	service chain
服务模式	服務模式	service model
服务器	伺服器	server
服务器产品	伺服器產品	server product
服务器端组件	服務器端組件	servlet
服务器端组件连接	服務器端組件連接	servlet connector
服务器端组件引擎	服務器端組件引擎	servlet engine
服务器对象	伺服器物件	server object
服务器对象隔离	伺服器物件隔離	server object isolation
服务器对象类型	伺服器物件類型	server object type
服务器目录	服務器目錄	server directory
服务器上下文	服務器上下文	server context
服务请求	服務要求	service request

大 陆 名	台 湾 名	英 文 名
服务元数据	服務詮釋資料	service metadata
浮点	浮點	floating point
符号	符號	symbol
符号层	符號層	symbol level
符号化	符號化	symbolization
符号识别码	符號識別碼	symbol ID code
符号学	象徵學	symbology
辐射	輻射	radiation
辐射分辨率	輻射解析度	radiometric resolution
辐射计	輻射計	radiometer
辐射灵敏度	輻射感應度	radiometric sensitivity
辅助数据	輔助資料	ancillary data
父节点	父節點	parent node
负片	負像片	negative photograph
负载平衡	負載平衡	load balance
复合动态事件	複合動態事件	complex dynamic event
复合连接要素	複合接點圖徵	complex junction feature
复合索引	複合索引	composite index
复合图	複合地圖	composite map, integrated map
复合线型要素	複合線性圖徵	complex edge feature
复合循环	複合循環	composite loopback
复合要素	複合圖徵	complex feature
复合元素	複合元素	compound element
复合指标	複合指標	composite indicator
复杂表面	複合表面	complex surface
复杂对象(=复杂目标)		
复杂多边形	複合多邊形	complex polygon
复杂目标,复杂对象	複合物件	complex object
覆盖	覆蓋	draping, overlay
[覆盖]范围	地圖範圍	extent
[覆盖]范围矩形	地圖範圍矩形	extent rectangle

G

大　陆　名	台　湾　名	英　文　名
改进型甚高分辨率辐射计	先進高解析率輻射計	advanced very high resolution radiometer, AVHRR
U 概率	U 概率	U probability
概念模式	概念綱目	conceptual schema
概念模式语言	概念綱目語言	conceptual schema language
概念模型	概念模型	conceptual model
高差位移,投影差	高差位移	relief displacement
高程	高程	elevation
高程测量	高程測量	hypsometry
高程层	高程圖層	elevation layer
高程分层设色	高程分層設色	elevation tints
高程基准	高程基準面	vertical datum
高程索引	高程索引	elevation index
高度	高度	altitude, height
高度矩阵	高度矩陣	altitude matrix
高光谱,超光谱	高光譜,超光譜	hyperspectrum
高级语言	高階語言	high-level language
高亮显示	強調	highlighting
高密磁盘	高密度磁片	high density diskette
高密度数字磁带	高密度數位磁帶	high density digital tape, HDDT
高频增强滤波	高頻增強濾波	high frequency emphasis filtering
高斯地图投影	高斯地圖投影	Gauss map projection
高斯分布	高斯分佈	Gaussian distribution
高斯–克吕格格网	高斯–克魯格網格	Gauss-Krüger grid
高斯–克吕格投影	高斯–克魯格投影	Gauss-Krüger projection
高斯–克吕格坐标	高斯–克魯格坐標	Gauss-Krüger coordinate
高斯平面坐标	高斯平面坐標	Gauss plane coordinate
高斯曲率	高斯曲率	Gaussian curvature
高斯噪声	高斯雜訊	Gaussian noise
高斯坐标	高斯坐標	Gaussian coordinate
高通滤波	高通濾波	high pass filtering
高通滤波器	高通濾鏡	high pass filter
高位地址内存区	高層記憶體區段	high memory area

大　陆　名	台　湾　名	英　文　名
高性能工作站	高性能工作站	high-performance workstation
稿图(=原图)		
格林尼治时间	格林威治時間	Greenwich mean time, GMT
格林尼治子午线	格林威治子午線	Greenwich meridian
格式	格式	format
B-N 格式	B-N 格式	Backus-Naur Form
GeoTIFF 格式	GeoTIFF 格式	GeoTIFF
GIF 格式,可交换图像 　　数据格式	GIF 格式,可交換圖像 　　資料格式	graphic interchange format, GIF
JPEG 格式	JPEG 圖檔	joint photographic experts group format, 　　JPEG
TIFF 格式	標記影像檔案格式, 　　TIFF 格式	tagged image file format, TIFF
格式化	格式化	formatting
格式转换	格式轉換	format conversion
格网,网格	網格	grid
格网标记	網格核對記號	grid tick
格网参照	網格參考	grid reference
格网单元	網格單元	cell, grid cell
格网单元尺寸	網格單元尺寸	cell size
格网地图	網格地圖	grid map
格网–多边形数据格式 　　转换	網格–多邊形資料格式 　　轉換	grid to polygon conversion
格网方阵	網格方陣	grid square
格网分辨率	網格解析度	grid resolution
格网格式	網格格式	grid format
格网–弧段数据格式转 　　换	網格–弧線［資料格 　　式］轉換	grid to arc conversion
格网化	網格化	gridding
格网间距	網格間距	grid interval
格网/栅格数据	網格資料	grid/raster data
格网数据	網格資料	grid data
格网坐标	網格坐標	grid coordinates
个人地理数据库	個人地理資料庫	personal geodatabase
各向同性	等向性	isotropy
各向异性	非等向性	anisotropic
根节点	根節點	root node
跟踪	跟蹤	track

大　陆　名	台　湾　名	英　文　名
更新	更新	update
工程	工程	project
工程视点	工程觀點	engineering viewpoint
工程数据	工程資料	project data
工程文件夹	工程文件夾	project folder
工程坐标系,独立坐标系	工程坐標系,獨立坐標系	engineering coordinate system
工具包	工具包	toolkit
工具集	工具集	toolset
工具提示	工具提示	tool tip
工具条	工具條	toolbar
工具箱	工具箱	toolbox
工业标准	工業標準	industrial standard
工作流	工作流	work flow
工作目录	工作目錄	working directory
工作区	工作空間	workspace
XML 工作区文档	XML 工作區文檔	XML workspace document
工作顺序	工作顺序	work order
工作站	工作站	workstation
公共设施	公共設施	utilities
公共设施网络地图	公共設施網路地圖	utility network map
公共设施网络服务	公共設施網路服務	utility web service
公共设施信息系统	公共設施資訊系統	utility information system
公共土地测量系统	公共土地測量系統	public land survey system
公共网关接口(=通用网关接口)		
公共虚拟服务	公共虛擬服務	public virtual server
公共语言运行环境	CLR 執行環境	common language runtime,CLR
公用对象请求代理程序体系结构	CORBA 架構	common object request broker architecture, CORBA
功能	功能	function
共同边界	相連界線	conjoint boundary
共享	分享,共用	share
共享边界	共享邊界	shared boundary
共享顶点	共享頂點	shared vertex
勾边处理	邊緣處理	edge crispening
构造型	構造型	stereotype
孤立等高线	孤立的等高線	isolated contour line

大　陆　名	台　湾　名	英　文　名
孤立多边形(=洞)		
固定参考点	固定參考點	fixed reference point
关键标识符	關鍵識別字	key identifier
关键属性(=主属性)		
关键字	關鍵字	key word
关键字段	主檔區	key field
关联对象	關聯對象	related object
关联键	關聯鍵	relate key
关联数据	關聯資料	associated data
关系	關係	relation, relationship
关系操作符,关系算子	關係操作	relational operator
关系代数	關聯式代數	relational algebra
关系管理	關係管理	relate manager
关系类	關係類	relationship class
关系连接	關聯性連結	relational join
关系数据库	關聯性資料庫	relational database
关系数据库管理系统	關聯式資料庫管理系統	relational database management system, RDBMS
关系算子(=关系操作符)		
关注点	關註點	points of interest, POI
关注区	選取區	area of interest
观测点	觀測點	observation point
观测领域模式	觀測領域模式	observation domain model
观测模式	觀測模式	observation model
观测位移	觀測位移	observer offset
观测仪	觀測儀	observer
观察点(=视点)		
观察器	觀察器	viewer
观察者	觀察者	viewer
管理数据库	管理資料庫	management database
管理信息系统	管理資訊系統	management information system, MIS
光标,游标,标示器	遊標	cursor
光度计,曝光计	光度計,曝光計	photometer
光盘	光碟	optical disk
光谱分辨率	光譜解析度	spectral resolution
光谱信号	光譜曲線圖	spectral signature
光谱学	光譜學	spectroscopy

大　陆　名	台　湾　名	英　文　名
光线跟踪	光線追蹤	ray tracing
光学扫描仪	光學掃描機	optical scanner
光照分析函数	光影分析功能	illumination function
广播星历	廣播星曆	broadcast ephemeris, BE
广域网	廣域網路	wide area network, WAN
归档储存	歸檔儲存	archival storage
规范	規格	specification
规范化	正規化	normalization
规则库	規則庫	rule base
轨迹	軌迹	track
轨迹标示域	軌迹標示域	track identifier field
轨迹连接	軌迹連接	tracking connection
滚筒式绘图仪	滾筒式繪圖儀	drum plotter
滚筒式扫描仪	滾筒式掃描器	drum scanner
国际标准化组织	國際標準組織	International Organization for Standardization, ISO
国际测量师联合会	國際測量師聯合會	Fédération Internationale des Géomètres, FIG
国际电报电话咨询委员会	國際電話暨電話諮詢委員會	International Telegraph and Telephone Consultative Committee
国际电工委员会	世界電訊科技委員會	International Electrotechnical Committee, IEC
国际陆地参考系	國際陸地參考系統	International Terrestrial Reference System, ITRS
国际日期变更线	國際換日線	International Date Line
国际图形交换系统	國際圖形交換系統	International Graphics Exchange System, IGES
国际椭球体	國際橢球體	international ellipsoid
国家地理信息系统	國土資訊系統	National Geographic Information System, NGIS
国家地理信息系统指导委员会	國土資訊系統推動小組	National Geographic Information System Steering Committee, NGISSC
国家空间数据基础设施	國家空間資料基礎建設	National Spatial Data Infrastructure, NSDI
国家转换格式	國家轉換格式	national transfer format, NTF
过程	過程	process
过期	過期	out-of-date
过伸	超搭	overshoot

H

大　陆　名	台　湾　名	英　文　名
哈密顿回路	哈密爾頓環線	Hamiltonian circuit
哈密顿路径	哈密爾頓路徑	Hamiltonian path
海底地形图	海底地形圖	bathymetric map
海图	航行圖	chart
海洋测深学	海洋測深學	bathymetry
函数	函數	function
函数库	函數庫	function library
函数数据库	函數資料庫	functional database
函数语言	函數語言	function language
航空像片	航空像片	airphoto, aerial photograph
航片判读	航照判讀	aerial photograph interpretation
航向倾斜	航向傾斜	y-tilt, longitudinal tilt
行	列	row
行结束标志	行結尾	end of line, EOL
合并	合併	conflation
合并策略	合併策略	merge policy
合并等高线	等高綫合併	carrying contour
恒向线	恆向線	loxodrome
横断面,横截面	橫斷面	transection, transverse profile, cross section
横截面(=横断面)		
横向整合(=水平整合)		
横圆柱正形地图投影	橫圓柱正形地圖投影	inverse cylindrical orthomorphic map projection
横轴墨卡托投影	橫麥卡托投影	transverse Mercator projection
红外扫描仪	紅外掃描儀	infrared scanner
宏	巨集	macro
宏编程	巨集程式設計	macro programming
宏语言	巨集語言	macro language
ARC 宏语言	ARC 巨集語言	ARC macro language, AML
后绑定	後綁定	late binding
后向散射	後向散射	backscatter
弧度	弧度	radian

大　陆　名	台　湾　名	英　文　名
弧段	弧線	arc
弧–结点结构	弧–節點結構	arc-node structure
弧–结点数据模型	弧點資料模式	arc-node data model
弧–结点拓扑关系	弧線節點位相關係	arc-node topology
互补色	互補色	anaglyph, complementary color
互补色立体图	互補色立體像片	anaglyph map
互操作	互動作用性	interoperability
互操作程序	互動作用程式	interoperability program
互操作程序报告	互動作用程式報告	interoperability program report
互联网	網際網路	internet
互相关	互相關係	cross-correlation
环	環	ring
环境	環境	environment
环境变量	環境變量	environment variable
环境地图	環境地圖	environmental map
环境分析	環境分析	environmental analysis
环境规划	環境規劃	environmental planning
环境建模	環境建模	environmental modeling
环境科学数据库	環境科學資料庫	environmental science database
环境评价	環境評估	environmental assessment
环境容量	環境容量,環境容忍力	environmental capacity
环境设置	環境設置	environment setting
环境数据	環境資料	environmental data
环境数据库	環境資料庫	environmental database
环境信息	環境資訊	environmental information
环境遥感	環境遙感探測	environmental remote sensing
环境影响评价	環境影響評估	environment impact assessment, EIA
环境影响研究	環境影響研究	environment impact study, EIS
环境制图数据	環境製圖資料	environmental mapping data
环境质量评价	環境品質評估	environmental quality assessment
环境资源信息网	環境資源資訊網路	environmental resources information net-work, ERIN
环形区域	環形區域	annular region
缓冲区	環域,環域區	buffer, buffer zone
缓冲区分析	環域分析	buffer analysis
缓存	快取區	cache
换算	坐標轉換	transformation
灰度,灰阶	灰階	grayscale

大　陆　名	台　湾　名	英　文　名
灰度模式	灰度模式	gray model
灰度图	灰階地圖	grayscale map
灰阶(=灰度)		
恢复	復原	restore
汇编语言	組合語言	assembly language
会话状态	會話狀態	session state
绘图	繪圖	plot, drawing, drafting
绘图板	繪圖板	drawing board
绘图比例尺	繪圖比例尺	drafting scale
绘图尺寸(=绘图图面大小)		
绘图单位(=绘图单元)		
绘图单元,绘图单位	繪圖單元,繪圖單位	drawing unit
绘图定位(=绘图配准)		
绘图范围	繪圖範圍	drawing extent
绘图格网	繪圖網格	drawing grid
绘图基元	繪圖基元	plotting primitives
绘图交换格式	繪圖交換格式	drawing exchange format, drawing inter-change format
绘图界限	繪圖界限	drawing limit
绘图配准,绘图定位	繪圖套合	drawing registration
绘图实体	繪圖實體	drawing entity
绘图图面大小,绘图尺寸	繪圖圖面大小,繪圖尺寸	drawing size
绘图文件	繪圖檔案	drawing file
绘图仪	繪圖機	plotter
绘图优先级	繪圖優先性	drawing priority
绘晕线	繪暈線	hatching
混合列表	混合列表	mixed list
混合数据结构	混合資料結構	hybrid data structure
混合像元	混合像元	mixed pixel
混淆矩阵	誤差矩陣	confusion matrix
混淆现象	別像	aliasing
获取(=采集)		
霍夫曼编码	霍夫曼編碼	Huffman code
霍夫曼变换	霍夫曼轉換	Huffman transformation

J

大　陆　名	台　湾　名	英　文　名
机电传感器	電子機械感應器	electromechanical sensor
机器编码	機械編碼	machine encoding
机器语言	機器語言	machine language
奇偶性	奇偶性	parity
基本测试	基本測試	basic test
基本方位	基本方位	cardinal
基本方位点	基本方位點	cardinal point
基本空间单元	基本空間單元	basic spatial unit, BSU
基本文件	基本文件	base document
基础标准	基本標準	base standard
基础地图,底图	基本圖	base map
基础图层	基礎圖層	base layer
基数	基數	cardinality
基线	基線	baseline
基线高度	基準高程	base height
基线航高比	航高基線比	base height ratio
基于位置服务	定位服務	location dependent service, location-based service, LBS
基元	基元,元素	primitive
基站	基站	base station
基准	基準面	datum, benchmark
基准点	基準點	datum point, datum mark
基准面	基準面	datum level, datum plane
基准转换	基準轉換	datum transformation
畸变,变形	畸變,變形	distortion
激光打印机	雷射印表機	laser printer
激光绘图机	雷射繪圖機	laser plotter
激光雷达	激光雷達	lidar
激活要素	激活要素	enabled feature
吉字节(=十亿字节)		
极半径	極半徑	polar radius
极轨	極軌	polar orbit
极位	極位	polar aspect

大 陆 名	台 湾 名	英 文 名
极坐标系统	極坐標系統	polar coordinate system
集成	整合	integration
集成地理信息系统	整合式地理資訊系統	integrated geographical information system
集成空间信息系统	整合式空间[資訊]系統	integrated spatial system
集成数据层	整合式資料層	integrated data layer
集成数据库	整合資料庫	integrated database
集成数据库管理系统	整合式資料管理系統	integrated database management system
集成信息系统	整合式資訊系統	integrated information system
集成要素数据集	整合式圖徵資料集	integrated feature data set
集合函数	集合函數	set function
集群计算机	叢集電腦	cluster computer
集群控制器	叢集控制單元	cluster control unit
集线器	集線器	hub
几何变换	幾何轉換	geometric transformation
几何对象	幾何物件	geometric object
几何基元	幾何基元	geometric primitive
几何校正,几何纠正	幾何校正	geometric correction, geometric rectification
几何纠正(=几何校正)		
几何配准	幾何套合	geometric registration
几何网络	幾何網路	geometric network
几何学	幾何學	geometry
几何一致性	幾何一致性	geometric coincidence
几何元素	幾何元素	geometric elements
计曲线	計曲線	index contour
计算工具	計算工具	computation tool
计算机地图制图	電腦製圖	computer mapping
计算机辅助地图制图	電腦輔助製圖	computer aided mapping, CAM, computer-assisted cartography
计算机辅助工程	電腦輔助工程	computer aided engineering, CAE
计算机辅助检索	電腦輔助檢索	computer-assisted retrieval
计算机辅助评价	電腦輔助評估	computer-assisted assessment
计算机辅助软件工程	電腦輔助軟體工程	computer aided software engineering, CASE
计算机辅助设计	電腦輔助設計	computer aided design, CAD
计算机集成制造系统	電腦整合製造系統	computer integrated manufacture system, CIMS

大 陆 名	台 湾 名	英 文 名
计算机兼容磁带	電腦相容磁帶	computer compatible tape，CCT
计算机图形核心系统	圖形核心系統	graphics kernel system，GKS
计算机图形技术	電腦繪圖科技	computer graphics technology
计算机图形学	電腦圖學	computer graphics
计算机图形元文件	CGM 檔	computer graphic metafile，CGM
计算机网络	電腦網路	computer network
[计算机]文件	檔案	file
计算机综合测试设备	電腦綜合測試設備	computer integrated test equipment，CITE
计算视点	計算機觀點	computational viewpoint
计算网络	計算網路	computation network
计算状态	計算狀態	computation state
记录	記錄	record
XML 记录文档	XML 記錄文件	XML recordset document
技术视点	技術觀點	technology viewpoint
继承	繼承性	inheritance
加标注	邊籤置放	labelling
加拿大地理信息系统	加拿大地理資訊系統	Canada Geographic Information System，CGIS
加权滤波器	加權濾波器	weight filter
加色法三原色	加色法三原色	additive primary colors
加属性标记	屬性標示	attribute tagging
加注标记	標記	tagging
假彩色,伪彩色	假彩色,虛擬色	false color，pseudocolor
假彩色增强	假色增強	pseudocolor enhancement
假彩色转换	假色轉換	pseudocolor transform
间曲线	間曲線	intermediate contour line
减色法三原色	减色法三原色	subtractive primary colors
剪切	裁切	clip
剪切窗口	裁取視窗	clipping window
W 检测	W 檢測	W-test
检索(=查询)		
检验	檢驗	checkout
简单边要素	簡單邊特徵	simple edge feature
简单测量值	簡單測量值	simple measurement
简单对象	單一物件	simple object
简单关系	簡單關係	simple relationship
简单交叉点要素	簡單交叉點特徵	simple junction feature
简单克里金法	簡單克利金法	simple Kriging

大　陆　名	台　湾　名	英　文　名
简单条件值	簡單條件值	simple conditional value
简单要素	簡單特徵	simple feature
简单要素模型	簡單物徵模式	simple feature model
简单暂时时间	簡單暫時時間	simple temporal event
简单转换	簡單轉換	simple transformation
简化	概括化	simplification
建模	建模	modeling
建模器	建模器	model builder
建模语言	模型語言	modeling language
键盘输入	鍵盤輸入	key entry
降交点	降交點	descending node
交叉表格	交叉表格	cross tabulation
交叉点	交叉點	junction
交互	互動	interaction
交互模式	互動模式	interactive mode
交互式编辑	互動式編輯	interactive editing
交互式处理	互動式處理	interactive processing
交互式矢量化	互動式向量化	interactive vectorization
交互式数字化	互動式數位化	interactive digitizing
交互式拓扑处理	互動式位相處理	interactive topology
交互式制图	互動式製圖	interactive graphics
交互数据库	交戶關聯資料庫	cross-reference database
交换格式	交換格式	interchange format
交集	交集	intersection
交通地理信息系统	運輸地理資訊系統	geographic information system-transportation, GIS-T
交通信息系统	運輸資訊系統	transportation information system, TIS
脚本	腳本	script
脚本文件	指令碼檔案	script file
校核图	檢核繪圖	check plot
校准,标定	率定	calibration
接边,边缘匹配	接邊,邊緣匹配	edge matching, border matching
接口,界面	介面	interface
接口定义语言	介面定義語言	interface definition language
街道网	街道網	street network
街道制图	街道製圖	street-based mapping
街道中心线	街道中心線綫	street centerline
街区	街區,區塊	block

大　陆　名	台　湾　名	英　文　名
街区编号	街區編號	block number
街区编号区	街區編號區	block numbering area
街区标示点	街區標示點	block point
街区属性	街區屬性	block attribute
节	節	section
节表	節表	section table, SEC
节点	節點	node
节点捕捉	節點抓取	node snap
结构化查询语言	結構化查詢語言	structured query language, SQL
解码	解碼	decoding
解析测图仪	解析繪圖儀	analytical plotter
解析三角测量	解析三角測量	analytical triangulation
解压[缩]	解壓縮	decompression
界碑	界碑	boundary monument
界面(=接口)		
界线(=边缘)		
金字塔	金字塔	pyramid
近地点	近地點	perigee
近红外	近紅外光	near infrared
近似插值	近似內插法	approximate interpolation
经度	經度	longitude
经济地理	經濟地理	economic geography
经纬度	經緯度	latitude-longitude
经纬仪	經緯儀	theodolite
精处理	精確處理	precision processing
精度	精確度	precision
精度衰减因子	精度衰減因子	dilution of precision, DOP
精简指令集[计算机]	精簡指令集[電腦]	reduced instruction set computer, RISC
精码	精碼	precise code, P code
景观地图	景觀地圖	landscape map
境界,边界	境界,邊界	boundary
静态定位	靜態定位	static positioning
纠正	糾正	rectification
局部地址支持	局部位址支持	partial address support
局部分析	局部分析	local analysis
局部高速缓存	局部高速緩存	partial cache
局部检查方法	局部檢查方法	local check method
局域网	區域網路	local area network, LAN

大　陆　名	台　湾　名	英　文　名
矩阵	矩陣	matrix
距离成本分析	距離成本分析	cost-distance analysis
距离单位	距離單位	distance unit
距离衰减	距離衰減	distance decay
距离域	距離欄位	distance field
聚合域	聚合域	aggregation domain
聚集	聚合	aggregation
聚类	聚類	cluster, clustering
聚类编码	叢集編碼	cluster coding
聚类标识	聚類標示	cluster labeling
聚类分区	聚類分區	cluster zoning
聚类分析	群落分析	cluster analysis
聚类列	聚類列	cluster column
聚类容限	聚類容限	cluster tolerance
聚类图	聚類圖	cluster map
聚类压缩	叢集壓縮	cluster compression
聚类指数	聚類索引	cluster index
决策规则,判定规则	決策法則	decision rule
决策模型	決策模型	decision model
决策树	決策樹	decision tree
决策树分析	決策樹分析	decisional tree analysis
决策支持系统	決策支援系統	decision support system, DSS
绝对定位	絕對定位	absolute positioning
绝对高程	絕對高程	absolute altitude
绝对位置	絕對位置	absolute position
绝对坐标	絕對坐標	absolute coordinate
均方差,中误差	平均方根誤差	root mean square error

K

大　陆　名	台　湾　名	英　文　名
卡方检验统计	卡方統計	chi-squared statistic
开发环境	開發環境	development environment
开放地理信息系统协会	開放式地理資訊系統協會	Open GIS Consortium, OGC
开放分布式处理参考模型	開放分散式處理的參考模型	reference model for open distributed processing, RM-ODP
开放式地理信息系统	開放式地理資訊系統	open geographic information system, Open

大　陆　名	台　湾　名	英　文　名
		GIS
开放式地理信息系统参考模型	開放式地理資訊系統参考模式	open GIS reference model，ORM
开放式地理信息系统抽象规范	開放式地理資訊系統純理論規格	open GIS abstract specification
开放式地理信息系统核心服务	開放式地理資訊系統核心服務	open GIS core services
开放式地理信息系统实现规范	開放式地理資訊服務實施規格	open GIS implementation specification
开放式定位服务	開放式定位服務	open location services，OpenLS
开放式界面	開放式介面	open interface
开放式平台	開放式平台	open platform
开放数据库互联	開放式資料庫傳輸	open database connectivity，ODBC
开放式系统	開放式系統	open system
开放系统互联	開放式系統互連	open systems interconnection，OSI
开放系统环境	開放式系統環境	open system environment，OSE
开放性地理数据互操作规范	開放式地理資料相互操作規範	open geodata interoperability specification，OGIS
开放源码	開放原始碼	open source
科学计算可视化	科學計算視覺化	visualization in scientific computing
可持续发展	持續性的發展	sustainable development
可重复性	可重複性	repeatability
可存取性(=可访问性)		
可访问性,可存取性	易達性,可存取性	accessibility
可交换图像数据格式（ =GIF 格式）		
可靠性示意图	圖料精度表	reliability diagram
可扩展标记语言(=可扩展置标语言)		
可扩展性	擴充性	extensibility，scalability
可扩展置标语言,可扩展标记语言	可擴展標記語言,可擴展標記語言	extensible markup language，XML
可伸缩	可伸縮	scalable
可视比例范围	可視比例範圍	visible scale range
可视化	視覺化	visualization
可视区,视口	可視範圍	viewport
可视性分析,通视分析	通視分析	visibility analysis
可视域分析	視域分析	viewshed analysis

大 陆 名	台 湾 名	英 文 名
可缩放矢量图形	可擴展向量圖形	scalable vector graphics, SVG
可停靠窗口	可停靠視窗	dockable window
可行性研究	可行性研究	feasibility study
可选择层	可選擇層	selectable layers
可移植的网络图像格式	PNG 點陣圖檔	portable network graphic format, PNG
可移植文档格式	可攜式文件格式	portable document format, PDF
可执行测试套件	可執行測試套件	executable test suite
可执行文件	執行檔	executable file
克里金法	克利金法	Kriging
客户	客戶	client
客户端位置定位	客戶端位置定位	client-side address locator
客户/服务器	客戶端/伺服器端	client/server, C/S
客户/服务器架构	客戶端/伺服器端架構	client/server architecture
客户概况	客戶概況	customer profiling
客户工程师	客戶工程師	customer engineer, CE
客户市场分析	客戶市場分析	customer market analysis
客户详情	客戶詳情	customer prospecting
客户信息控制系统	客戶資訊控制系統	customer information control system, CICS
客户样本	客戶樣本	client sample
空间	空間	space
空间参照系	空間參考坐標系統	spatial reference system
空间查询	空間查詢	spatial query
空间单元	空間單元	spatial unit
空间档案及交换格式	空間檔案及交換格式	spatial archive and interchange format, SAIF
空间叠加	空間疊加	spatial overlay
空间叠加分析	空間疊加分析	spatial overlay analysis
空间对象	空間物件	spatial object
空间分辨率	空間解析度	spatial resolution
空间分析	空間分析	spatial analysis
空间格网	空間網格	spatial grid
空间关系	空間關係	spatial relationship
空间函数	空間函數	spatial function
空间基准	空間基準面	spatial datum
空间建模	空間建模,空間模式	spatial modeling
空间结构化查询语言	空間結構化查詢語言	spatial structured query language, SSQL
空间纠正	空間糾正	spatial adjustment
空间连接	空間聯接	spatial join

大　陆　名	台　湾　名	英　文　名
空间滤波	空間濾波	spatial filtering
空间目标	空間目標	spatial object
空间书签	空間書籤	spatial bookmark
空间属性	空間屬性	spatial attribute
空间数据	空間資料	spatial data
空间数据操作语言	空間資料操作語言	spatial data manipulation language, SDML
空间数据基础设施	空間資料基礎設施,空間資料基礎建設	spatial data infrastructure, SDI
空间数据交换网站	空間資料交換網站	spatial data clearinghouse
空间数据结构	空間資料結構	spatial data structure
空间数据库	空間資料庫	spatial database
空间数据库检验	空間資料庫檢驗	checkout geodatabase
空间数据库引擎	空間資料庫引擎	spatial database engine, SDE
空间数据模型	空間資料模式	spatial data model
空间数据挖掘	空間資料挖掘	spatial data mining
空间数据转换标准	空間資料交換標準	spatial data transfer standard, SDTS
空间索引	空間索引	spatial indexing
空间相关	空間關聯	spatial correlation
空间信息	空間資訊	spatial information
空间域	空間域	spatial domain
空间自相关	空間相關性	spatial autocorrelation
空间坐标系统	空間坐標系統	space coordinate system
空值	無值	null value
空中三角测量	空中三角測量	aerial triangulation
控制	控制	control
控制点	控制點	control point
控制[字]符	控制字元	control character
口令(=密码)		
跨片索引	跨片索引	cross-tile indexing
块	基元	tile
块码	數塊碼	block code
快捷选单,热键选单	熱鍵菜單	shortcut menu
快捷键	快捷鍵	keyboard shortcut
快视	快速瀏覽	quick look
快速傅里叶变换	快速傅利葉轉換	fast Fourier transform
快速傅里叶反变换	快速傅利葉反轉換	inverse fast Fourier transform
快照	定格資料獲取或查詢	snapshot
宽带网	寬頻網路	broad band network

大　陆　名	台　湾　名	英　文　名
框架	架構	framework
框架数据	架構資料	framework data
扩散函数	擴散分析功能	spread function
扩展实体数据	擴展實體資料	extended entity data，XData
扩展颜色	擴展顏色	extended color

L

大　陆　名	台　湾　名	英　文　名
拉伸,伸长	拉伸,伸長	stretch
兰勃特等积方位投影	蘭伯特等積方位投影	Lambert's equal-area meridional map projection
兰勃特等角圆锥投影	蘭伯特正形圓錐投影	Lambert's conic conformal projection
廊道	走廊地帶	corridor
廊道分析	廊道分析	corridor analysis
雷达	雷達	radio detecting and ranging
雷达测高仪	雷達測高儀	radar altimeter
[雷达影像]叠掩	疊掩	layover
类,类别	類別	category，class
类比(=模拟)		
类别(=类)		
类别标识符	類別標識符	class identifier
类型继承	類型繼承	type inheritance
类型库	類型庫	type library
离散数据	離散資料	discrete data
离散要素	離散要素	discrete feature
离线	離線	off-line
历史记录	歷史記錄	historic record
历史模型	歷史模型	history model
立方卷积	立方卷積	cubic convolution
立体	立體	stereo
立体编辑	立體編輯	stereocompilation
立体测图仪	立體測圖儀	stereoplotter
立体地图	土壤圖	solid map
立体镜	立體鏡	stereoscope
立体模型	立體模型	stereomodel
立体图,晕渲图	起伏地圖	relief map
立体像对	立體像對	stereopair

大　陆　名	台　湾　名	英　文　名
粒度	粒度	granularity
连接	連接	connection
连接点,约束点	控制點	tie point
连接工具	連接工具	link tool
连接件(=连接器)		
连接键	連結鍵	concatenated key
连接结点	連接節點	connected node
连接命令	連接命令	link command
连接器,连接件	連接器,連接件	connector
连接事件	連接事件	concatenate events
连接线	連接線	link lines
连接线和结点结构	連結線和節點架構	link and node structure
连结	連結	join
连通分析	連結性分析	connectivity analysis
连通规则	連通規則	connectivity rule
连通性	連結性	connectivity
连续色调影像	連續色調影像	continuous tone image
连续栅格	連續網格	continuous raster
连续数据	連續性資料	continuous data
连续要素	連續圖徵	continuous feature
联邦式数据库,邦联式 　数据库	聯邦式資料庫,邦聯式 　資料庫	federated database
链	鏈	chain
链接	鏈結	link
链结点图	鏈結點圖	chain node graph
链码	鏈碼	chain code
两层结构	兩層結構	two-tier configuration
亮度	亮度	brightness
列	行	column
邻接	相鄰	adjacency
邻接分析	相鄰性分析	adjacency analysis
邻接区域	鄰接區域	adjacent areas
邻接图幅	鄰接圖幅	adjoining sheets
邻接效应	鄰接效應	adjacency effect
邻近	相鄰性	contiguity
邻近查询	鄰近查詢	proximity query
邻近度	鄰近度	proximity
邻近多边形	鄰近多邊形	proximity polygon

大　陆　名	台　湾　名	英　文　名
邻近分析	鄰近分析	proximity analysis, contiguity analysis
邻近网络服务	鄰近網路服務	proximity web service
邻域分析	鄰域分析	neighborhood analysis
邻域函数	鄰域函數	neighborhood function
邻域统计	鄰域統計	neighborhood statistics
临界点	臨界點	critical point
临界角	臨界角	critical angle
临界值	臨界值	critical value
临时窗口	臨時視窗	temporal window
临时文件	臨時文件	temporal file
令牌	令牌	token
令牌类型值	令牌類型值	token type value
浏览器	瀏覽器	browser
浏览器/服务器	瀏覽器/伺服器	browser/server, B/S
流	流	stream
流程图	流程圖	flowchart
流模式	連續數化模式	stream mode
流容差	流容差	stream tolerance
流式数字化	流式數位化	stream mode digitizing
流向	流向	flow direction
陆地卫星	陸地衛星	landsat
陆地卫星多光谱扫描仪	陸地衛星多光譜掃描器	landsat multispectral scanner, landsat MSS
陆地卫星数据产品	大地衛星資料產品	landsat data products
陆地卫星专题制图仪	陸地衛星主題製圖儀	landsat thematic mapper, landsat TM
路径	路徑	route
路径标识	路徑標識	route identifier
路径参考	路徑參考	route reference
路径测量	路徑測量	route measure
路径测量异常	路徑測量異常	route measure anomalies
路径查找网络服务	路徑查找網路服務	route finder web service
路径分析	路徑分析	route analysis
路径服务	路徑服務	route service
路径服务器	路徑服務器	route server
路径事件	路徑事件	route event
路径事件表	路徑事件表	route event table
路径事件源	路徑事件源	route event source
路径搜索	路徑搜索	path-finding

大　陆　名	台　湾　名	英　文　名
路径位置	路徑位置	route location
路线	路線	path
路线标志	路線標誌	path label
路线查找	路線查找	pathfinding
路线–距离分析	路線–距離分析	path distance analysis
旅行商问题	銷售人員外出推銷路線 問題	traveling salesman problem, TSP
滤波	過濾	filtering
轮廓	輪廓	outline
轮廓矢量化	輪廓矢量化	outline vectorization
论域	論域	universe of discourse
罗盘[仪]	羅盤	compass
逻辑	邏輯	logic
逻辑表达	邏輯表達	logical expression
逻辑查询	邏輯查詢	logical query
逻辑重叠	邏輯套疊	logical overlap
逻辑存储结构	邏輯儲存結構	logical storage structure
逻辑单元	邏輯單元	logical unit
逻辑关系	邏輯關聯	logical relationship
逻辑记录	邏輯記錄	logical record
逻辑设计	邏輯設計	logical design
逻辑数据结构	邏輯資料結構	logical data structure
逻辑数据库	邏輯資料庫	logical database, LDB
逻辑数据模型	邏輯資料模型	logical data model
逻辑算子	邏輯運算子	logical operator
逻辑网络	邏輯網路	logical network
逻辑一致性	邏輯一致性	logical consistency
逻辑运算	邏輯運算	logical operation
逻辑指令	邏輯指令	logical order

M

大　陆　名	台　湾　名	英　文　名
马氏距离	馬哈拉諾畢斯距離	Mahalanobis distance
漫游	漫遊,旅程	tour, roam
毛刺	突兀	spike
卯酉圈	卯酉圈	prime vertical
媒介	媒介	intermediary

大　陆　名	台　湾　名	英　文　名
媒体	媒體	media
美国测量与制图委员会	美國測量及製圖委員會	American Congress on Surveying and Mapping, ACSM
[美国]电气与电子工程师学会	電子電機工程師協會	Institute of Electrical and Electronics Engineers, IEEE
[美国]国家标准及技术协会	美國國家標準及技術協會	National Institute of Standards and Technology, NIST
美国国家标准研究所	美國國家標準研究院	American National Standards Institute, ANSI
[美国]国家地理信息与分析中心	美國國家地理資訊與分析中心	National Center for Geographic Information and Analysis, NCGIA
美国国家海洋大气局	美國國家海洋及大氣總署	National Oceanic and Atmospheric Administration, NOAA
美国国家数值地图数据标准委员会	美國國家數值地圖資料標準委員會	National Committee for Digital Cartographic Data Standards, NCDCDS
[美国]国家数字地图数据库	[美國]國家數字地圖資料庫	National Digital Cartographic Database, NDCDB
[美国]国家信息基础设施	美國國家資訊基礎	National Information Infrastructure, NII
[美国]联邦地理数据委员会	美國聯邦地理資料委員會	Federal Geographical Data Committee, FGDC
[美国]联邦信息处理标准	聯邦資訊處理標準	Federal Information Processing Standards, FIPS
美国摄影测量与遥感学会	美國航測遙測學會	American Society for Photogrammetry and Remote Sensing, ASPRS
[美国]矢量产品格式	向量產品格式	Vector Product Format, VPF
[美国]拓扑集成地理编码	[美國]拓撲集成地理編碼	Topologically Integrated Geographic Encoding and Referencing, TIGER
美国信息交换标准码	美國標準資訊交換碼	American Standard Code for Information Interchange, ASCII
门户网站	入口網站	portal
密度	密度	density
密度层	密度層	density layer
密度分割	密度切割	density slicing, density splitting
密度分区	密度分區	density zoning
密度计	密度計	densitometer
密度梯度	密度梯度	density gradient
密度图	密度圖	density map

大 陆 名	台 湾 名	英 文 名
密度转换	密度轉換	density transfer
密码,口令	密碼	password
面	面	area
面板图	面板圖	paneled map
面缓冲区	面環域	area buffer
面积	面積	area
面向对象程序设计	物件導向程式設計	object-oriented programming, OOP
面向对象程序设计系统	物件導向程式系統	object-oriented programming system, OOPS
面向对象程序设计语言	物件導向程式語言	object-oriented programming language, OOPL
面向对象关系数据库	物件導向關聯式資料庫	object-oriented relational database
面向对象数据库	物件導向資料庫	object-oriented database, OODB
面向对象数据库管理系统	物件導向資料庫管理系統	object-oriented database management system, OODBMS
面向过程的数据文件	面向過程的資料文件	function-oriented data files
面向用户信息系统	使用者導向資訊系統	user-oriented information system
面状符号	面狀符號	area symbol
面状目标	面狀目標	area target
面状数据	面資料	area data
面状要素综合	面概括化	area generalization
描述符	描述資料	descriptor, specifier
描述符文件	描述符號檔	descriptor file
描述数据	敘述資料	descriptive data
民用代码	民用代碼	civilian code
命令,指令	指令	command
命令程序,指令程序	指令程序	command procedure
命令行	指令行	command line
命令行窗口	指令行視窗	command line window
命令行界面	指令行介面	command line interface
命令提示窗口	指令提示視窗	command prompt window
命令条	指令列	command bar
模糊分类法	模糊分類法	fuzzy classification method
模糊分析	模糊分析	fuzzy analysis
模糊概念	模糊概念	fuzzy concept
模糊集	模糊集	fuzzy set
模糊容差	模糊容許度	fuzzy tolerance
模块	模組	module

大　陆　名	台　湾　名	英　文　名
模块化软件	模組化軟體	modular software
模拟,类比	模擬,類比	simulation, emulation
模拟地图	類比地圖	analog map
模式	模式	schema, mode, pattern
模式-动作序列	模式-動作序列	pattern-action sequence
模式规则	模式規則	pattern rule
模式类别	模式類別	pattern class
模式识别	圖型辨識,圖樣識別	pattern recognition
模数转换	類比-數位轉換	analog/digital conversion, A/D conversion
模数转换装置	類比-數位轉換裝置	analog/digital device
模型	模型	model
模型参数	模型參數	model parameter
莫顿排序	莫頓排序	Morton order
莫顿数	莫頓數	Morton number
墨卡托投影	麥卡托投影	Mercator projection
默认值(=缺省值)		
模板	樣板	template
目标	目標	object, target
目标辨认(=目标识别)		
目标程序	物件程式	object program
目标代码	目的碼	object code
目标点	目標點	target point
目标计算机	目標計算機	target computer
目标类型	物件類型	object type
目标偏移[量]	目標位移	target offset
目标区	目標區	target area
目标识别,目标辨认	目標識別,目標辨認	target recognition
目标图层	目標圖層	target layer
目录	目錄	catalog, directory
目录服务	目錄服務	catalog service, directory service
目录树	目錄樹	catalog tree
目视判读	目視判讀	visual interpretation

N

大　陆　名	台　湾　名	英　文　名
内部区域	内部區域	interior area
内部数据结构	内部資料結構	internal data structure
内部数据库文件	内部資料庫檔	internal database file
内部数据模型	内部資料模型	internal data model
内部要素权重	内部要素權重	interior feature weight
内插	內插法	interpolation
内存管理单元	記憶體管理單元	memory management unit
内存缓存	記憶體暫存區	memory cache
内存释放	記憶體釋放	memory leak
内联网	內部網路	intranet
内容表	內容表	table of contents
内图廓线	圖框線	neat line
逆向地理编码	逆向地理編碼	reverse geocoding
1954 年北京坐标系	1954 年北京坐標系	Beijing Geodetic Coordinate System 1954
1984 年世界大地坐标系	1984 年世界大地坐標系	World Geodetic System 1984，WGS84

O

大　陆　名	台　湾　名	英　文　名
欧几里得几何学	歐幾裏德幾何學	Euclidean geometry
欧几里得距离	歐幾裏德距離	Euclidean distance
欧几里得距离分析	歐氏距離分析	Euclidean distance analysis
欧几里得空间	歐幾裏德空間	Euclidean space
欧洲导航卫星系统	歐洲導航衛星系統	European Navigation Satellite System，ENSS
欧洲地理信息组织联盟	歐洲地理資訊庇護組織	European Umbrella Organization for Geographic Information，EUROGI
欧洲国际自动制图/设施管理/地理信息系统协会	歐洲國際自動製圖/設施管理/地理資訊系統協會	AM/FM/GIS International of Europe

P

大　陆　名	台　湾　名	英　文　名
拍[它]字节(=千万亿字节)		
排序	排序	sort
派生地图	反衍圖,衍生地圖	derived map
派生数据	反衍資料	derived data
派生数据层	反衍資料層	derived data layer
派生值	反衍值	derived value
判别函数(=准则函数)		
判定规则(=决策规则)		
配置	分派	allocation
配置关键字	配置關鍵字	configuration keyword
配置文件	配置文件	configuration file
配准	對位	registration
配准控制点	控制點	tic
佩亚诺曲线	皮亞諾曲線	Peano curve
喷墨绘图仪	噴墨式繪圖機	ink jet plotter
批处理	批次處理	batch process
批处理队列	批次暫存區	batch queue
批处理模式	批次式	batch mode
批处理文件	批次檔	batch file
批量更新	大量更新	bulk update
匹配	匹配	match, matching
匹配键	匹配鍵	match key
匹配文件	匹配檔案	match file
匹配原则	匹配原則	match rules
偏差	偏差	deflection
偏航角	偏航角	yaw angle
偏离天底角	偏離天底角	off-nadir
偏斜	偏斜	skew, deviation
偏心率	扁心率	eccentricity
偏移量(=位移)		
片	片	slice
片式索引区	片式索引區	index tile area

大　陆　名	台　湾　名	英　文　名
频带	頻段,頻帶	frequency band
频率	頻率	frequency
频率图	頻率圖	frequency diagram, frequency plot
平板扫描仪	平板掃描儀	flatbed scanner
平滑	平滑化	smoothing
平均海平面	平均海平面	mean sea level
平面测量	平面測量	plane survey
平面控制基线	平面控制基線	planimetric base
平面投影	平面投影	planar projection
平面图	平面圖	planimetric map
平面转换	平面轉換	planimetric shift, plane transformation
平面坐标	平面坐標	planar coordinate, horizontal coordinate
平台	平台	platform
平行线	緯線	parallel
平移	平移	pan, panning, translation
屏,遮盖	屏,遮蓋	shield
屏幕拷贝	畫面複製	screen copy
屏幕拷贝设备	屏幕拷貝設備	screen copy device
屏幕数字化	屏幕數字化	heads-up digitizing
坡度	坡度	slope, degree slope
坡度图	坡度圖	clinometric map
坡度图像	坡度圖像	slope image
坡向	坡向	aspect
坡向分析	坡向分析	aspect analysis
坡向图	坡向圖	aspect map
破碎多边形,无意义多边形	狹縫多邊形	sliver polygons
剖面	縱斷面	profile
普通地图	普通地圖	general map
普通地图集	普通地圖集	general atlas
普通克里金法	普通克利金法	ordinary Kriging

Q

大　陆　名	台　湾　名	英　文　名
棋盘型分布	棋盤型分佈	tessellation
企业级地理信息系统	企業級地理資訊系統	enterprise GIS
企业级 Java 组件	企業級 Java 組件	enterprise JavaBeans

大　陆　名	台　湾　名	英　文　名
企业视点	企業觀點	enterprise viewpoint
启发式法则	啟發式法則	heuristic rule
启发式方法	啟發式方法	heuristics
起点	起點	start point
起始结点	起始結點	from-node
起始经度	起始經度	longitude of origin
起始纬度	起始緯線	latitude of origin
千万亿字节,拍[它]字节,10^{15}字节	千兆位元組	petabyte, PB
千字节, 10^3 字节	千位元組	kilobyte, KB
铅垂线	鉛垂線	plumb line
前景	前景	foreground
前置值	前置值	prefix value
前缀	前綴	prefix
浅倾角像片	急傾斜像片	low oblique photography
浅状态应用	淺狀態應用	shallowly stateful application
嵌入式结构化查询语言	嵌入式 SQL	embedded SQL
切投影	切投影	tangent projection
清理	整理	cleaning
倾斜摄影	傾斜攝影	oblique photograph
倾斜投影,斜轴投影	傾斜投影	oblique projection
请求	要求	request
求值程序	求值程序	evaluator
球面度	球面度	steradian
球面投影	立體投影	stereographic projection
球体	球體	sphere
球心投影,日晷投影	日晷投影	gnomonic projection
区域	地域	region
区域生成	區域生成	zone generation
区域要素综合	區域概括化	area generalization
曲面光滑	曲面光滑	surface smoothness
曲面拟合	表面貼合	surface fitting
曲线	曲線	curve
曲线拟合	曲線貼合	curve fitting
趋势面分析	趨勢面分析	trend surface analysis
全景视图(=窗口视图)		
全球导航定位卫星	全球導航定位衛星	global navigation positioning satellite
全球导航卫星系统	全球導航衛星系統	Global Navigation Satellite System, GNSS

大　陆　名	台　湾　名	英　文　名
全球导航系统	全球導航系統	global navigation system
全球定位系统	全球定位系統	Global Positioning System，GPS
全球多圆锥投影	全球多圓錐投影	world polyconic projection
全球海洋观测系统	全球海洋觀測系統	Global Ocean Observation System，GOOS
全球模式	全球模式	global mode
全球气候观测系统	全球氣候觀測系統	Global Climatic Observation System，GCOS
全球数字地图	全球數位地圖，世界數位圖	Digital Chart of the World，DCW
全球信息基础设施	全球資訊基礎建設	global information infrastructure，GII
全球综合观测系统	整合型全球觀測系統	Integrated Global Observation System，IGOS
全数字化测图	全數值化測圖	fully digital mapping
权重	權重	weight
缺省接口	預設介面	default interface
缺省数据库	預設資料庫	default database
缺省文件扩展名	預設副檔名	default file name extension
缺省值,默认值	預設值	default value
确定性	確定性	validity
确认	確認	verification

R

大　陆　名	台　湾　名	英　文　名
扰动轨道	擾動軌道	disturbed orbit
热捷选单(=快捷选单)		
热链接	熱鏈接	hot link
人工编码	人工編碼	manual encoding
人工判读	人工判釋	manual interpretation
人工神经网络	人工類神經網路	artificial neural network
人工数字化	人工數位化	manual digitizing
人工智能	人工智慧	artificial intelligence，AI
人机交互	人機互動	human computer interaction
人机界面	人機介面	human computer interface
人口普查单元	人口普查區塊	census block
人口普查地理	人口普查地理	census geography
人口普查地区	人口普查小區	census tract
人口统计模型	人口統計模型	demographic model

大　陆　名	台　湾　名	英　文　名
人口统计数据	人口統計資料	demographic data
人口统计数据库	人口統計資料庫	demographic database
人口统计图	人口統計圖	demographic map
人口统计学	人口統計學	demography
人文地理	文化地理	cultural geography, human geography
人文要素	人文圖徵	cultural features
任意投影	折衷投影	compromise projection, arbitrary projection
日本地球资源卫星	日本地球資源衛星	Japanese Earth Resources Satellite, JERS
日晷投影(=球心投影)		
日期标记	日期標記	date stamp
日志文件	日誌檔案	log file, journal file
容差	容忍值	tolerance
容错测试	驗收測試	acceptance test
容量	包含	containment
容器	裝具	container
容器处理	容器處理	container process
冗余	多餘	redundancy
软件	軟體	software
软件版本升级	升級	upgrade
软件包	套裝軟體	software package
软件工程	軟體工程	software engineering
软拷贝	軟式拷貝	softcopy

S

大　陆　名	台　湾　名	英　文　名
三边测量	三邊測量	trilateration
三层结构	三層結構	three-tier configuration
三角测量	三角網劃分	triangulation
三角函数	三角函數	trigonometric function
三角网数字地形模型	三角網數值地形模型	triangular digital terrain model
三角形	三角形	triangle
三维表面模型	三维地表模型	3-dimension surface model
三原色	紅綠藍彩色值	tricolor, red green blue, RGB
散点图	散點圖	scatter chart, scatter plot
散射	散射	diffuse reflectance
扫描	掃描	scanning

大　陆　名	台　湾　名	英　文　名
扫描地图	掃描圖	scan map
扫描线	掃描線	scan line
扫描仪	掃描機	scanner
色彩	色彩	color
色彩模型	色彩模型	color model
色调	明暗度	tone
色度	色度	chroma
色度表	色彩表	color table
色阶(=颜色梯度)		
色相	色相	hue
山顶(=峰)		
山脊	山脊	ridge
山脊线	山脊線	ridge-line
删除	刪除	delete
删减	刪減	pruning
栅格	網格	raster
栅格地图	網格式地圖	raster map
栅格后处理	網格後處理	raster postprocessing
栅格化	網格化	rasterization
栅格交集	網格交集	raster intersection
栅格扫描	網格掃描	raster scan
栅格–矢量转换	網格–向量轉換	raster-to-vector conversion
栅格数据	網格資料	raster data
栅格[数据]层	網格圖層	raster layer
栅格数据格式	網格資料格式	raster data format
栅格数据集	網格資料集	raster data set
栅格数据结构	網格資料結構	raster data structure
栅格数据库	網格資料庫	raster database
栅格数据模型	網格資料模式	raster data model
栅格要素层	網格圖徵層	rasterized feature layer
栅格预处理	網格預處理	raster preprocessing
栅格追踪	網格追蹤	raster tracing
熵	熵	entropy
熵编码	熵編碼	entropy coding
上传	上傳	upload
上行	上行	upstream
设备空间	設備空間	device space
设备坐标	設備坐標,儀器坐標	device coordinate

大　陆　名	台　湾　名	英　文　名
设施	設施	facility
设施管理	設施管理	facility management
设施清单	設施清單	facilities inventories
设施数据	設施資料	facility data
设施数据管理	設施資料管理	facility data management
设施数据库	設施資料庫	facility database
设施图	設施圖	facility map
设站	定位	stationing
摄影测量数字化	航空測量數位化	photogrammetric digitizing
摄影测量学	航空測量學	photogrammetry
摄影测量制图	攝影測量製圖	photogrammetric mapping
摄影地质学	攝影地質學	photogeology
伸长(=拉伸)		
神经网络	類神經網路	neutral network
生成日期	生成日期	creation date
生成时间	生成時間	creation time
生态系统	生態系統	ecosystem
失效要素	失效要素	disabled feature
十进制的	十進位制的	decimal
十进制度	十進位制	decimal degrees
十六进制的	十六進位制的	hexadecimal
十六进制记数法	十六進位記數法	hexadecimal notation
十六进制数	十六進位數	hexadecimal number
十亿字节,吉字节,10^9字节	十億位元組	gigabyte, GB
时间标记	時間標記	time stamp
时间参照系	時間參考系	temporal reference system
时间的	時間的	temporal
时间分辨率	時間解析度	temporal resolution
时间精度,时间准确度	時間精度,時間準確度	temporal accuracy
时间模式	時間模式	time modes
时间数据类型	時間資料類型	time data type
时间维	時間維度	temporal dimension
时间准确度(=时间精度)		
时距导航系统	時距導航系統	navigation system timing and ranging, NAVSTAR
时空查询	時空查詢	spatio-temporal queries

大　陆　名	台　湾　名	英　文　名
时空分辨率	時空解析度	temporal-spatial resolution
时空数据	時空資料	spatio-temporal data
时空数据库	時空資料庫	spatio-temporal database
时空元素	時空元素	spatio-temporal element
时态尺度	時間尺度	temporal dimension
时态的	時態的	temporal
时态定位	時間定位	temporal position
时态关系	時間關係	temporal relationship
时态观察	時態觀察	temporal observation
时态观察表	時態觀察表	temporal observation table
时态属性	時間屬性	temporal attribute
时态数据集	時態資料集	temporary data set
时态数据库	時間性資料庫	temporal database
时态特征	時間特徵	temporal characteristic
时态坐标	時間坐標	temporal coordinate
识别(=标识)		
实例	實例	instance
实例化	實例化	instantiation
实时	即時	real time
实时定位	即時定位	real-time positioning
实时模式	即時模式	real-time mode
实时数据	即時資料	real-time data
实时系统	即時系統	real-time system
实体	實體	entity
实体超类	實體超類型	entity supertype
实体点	實體點	entity point
实体对象	實體物件	entity object
实体分类	實體分類	entity classification
实体关系	實體關係	entity relationship, E-R
实体关系方法	實體關聯方法	entity relationship approach
实体关系建模	實體關聯模式	entity relationship modeling
实体关系模型	實體相關模式	entity relationship model, E-R model
实体关系数据模型	實體相關資料模型	entity relationship data model
实体关系图	實體關聯圖	entity relationship diagram, ERD
实体集	實體組	entity set
实体集模型	實體組模型	entity set model
实体类	實體類別	entity class
实体类型	實體類型	entity type

大 陆 名	台 湾 名	英 文 名
实体实例	實體實例	entity instance
实体属性	實體屬性	entity attribute
实体网络	實體網路	physical network
实体子类	實體子類型	entity subtype
实现(=执行)		
实现规范	實作規格	implementation specification
实现视点	實作觀點	implementation view
实用标准	實用標準	functional standard
矢量	向量	vector
矢量表示	矢量表示	vector representation
矢量地图	向量圖	vector map
矢量分析	矢量分析	vector analysis
矢量化	向量化	vectorization
矢量绘图	矢量繪圖	vector plotting
矢量–栅格转换	向量網格轉換	vector-to-raster conversion
矢量数据	向量式資料	vector data
矢量数据格式	向量式資料格式	vector data format
矢量数据结构	向量資料結構	vector data structure
矢量数据模型	向量資料模式	vector data model
矢量拓扑	向量位相關係	vector topology
使用	使用	usage
使用权(=特权)		
使用许可文件	使用許可文件	license file
使用许可证	使用許可證	license
世界大地坐标系	世界大地坐標系	world geodetic system，WGS
世界坐标系	世界坐標系	world coordinate system，WCS
市场分析	市場分析	store market analysis
事件	事件	event
事件表	事件表	event table
事件层	事件層	event layer
事件处理	事件處理	event handling
事件叠加	事件疊加	event overlay
事件时间	事件時間	event time
事件主题	事件主題	event theme
事实	事實	fact
事务处理	交易處理,異動處理	transaction
事务处理记录	異動記錄,交易記錄	transaction log
事务处理数据库	交易處理資料庫,異動	transactional database

大　陆　名	台　湾　名	英　文　名
	處理資料庫	
视差	視差	parallax
视点,观察点	視點,觀察點	viewpoint
视口(=可视区)		
视频获取	視訊擷取	video capture
视图	檢視	view
视线	視線	line of sight
视线地图,通视图	視線地圖	line of sight map
视域	視域	viewshed
视域图	視域地圖	viewshed map
适宜性模型	適宜性模型	suitability model
适用性	適用性	fitness for use, serviceability
收敛角	收斂角	convergence angle
输出	輸出	output, export
输出接口	輸出接口	outbound interface
输出目录	輸出目錄	output directory
输出数据	輸出資料	output data
输出文件	輸出文件	out file
输入	輸入, 輸入的資料	input
输入设备	輸入設備	input device
输入输出	輸入/輸出	input/output, I/O
输入数据	輸入資料	input data
属性	屬性	attribute
属性编码模式	屬性編碼模式	attribute coding schema
属性标记	屬性標記	attribute tag
属性表	屬性資料表	attribute table
属性采样(=属性抽样)		
属性操作	屬性操作	attribute manipulation
属性查询	屬性搜尋	attribute search, attribute query
属性抽样,属性采样	屬性取樣	attribute sampling
属性处理	屬性處理	attribute processing
属性错误	屬性錯誤	attribute error
属性代码	屬性代碼	attribute code
属性定义	屬性定義	attribute definition
属性分解	屬性分解	attribute disaggregating
属性分类	屬性分類	attribute classification
属性集	屬性集	attribute set
属性精度(=属性准确		

大　陆　名	台　湾　名	英　文　名
度)		
属性聚集	屬性聚集	attribute aggregation
属性类型	屬性類型	attribute type, attribute class
属性累计统计	屬性概括統計	attribute summary statistics
属性连接	屬性連接	attribute linkage
属性匹配	屬性匹配	attribute matching
属性数据	屬性資料	attribute data
属性数据文件	屬性資料檔	attribute data file
属性特征选择	屬性特徵選擇	logical selection
属性文件	屬性檔	attribute file
属性页	屬性頁	property page
属性域	屬性域	attribute domain
属性再分类	屬性再分類	attribute reclassification
属性值	屬性值	attribute value
属性准确度,属性精度	屬性準確度	attribute accuracy
鼠标模式	滑鼠模式	mouse mode
树形工具箱	樹形工具箱	toolbox tree
树结构	樹狀結構	tree structure
树状图	樹狀圖	dendrogram
数据	資料	data
数据安全	資料安全	data safety
数据安全性	資料安全性	data security
数据保密	資料保密	data secrecy
数据编辑	資料編輯	data editing
数据编码	資料編碼	data coding, data encoding
数据标记	資料標記	data marker
数据标准化	資料標準化	data standardization
数据表	資料表	data table
数据表达	資料表達	data presentation
数据表示	資料表示法	data representation
数据采集(＝数据获取)		
数据采集点	資料收集點	data collection point
数据采集平台	資料收集平臺	data collection platform, DCP
数据采集区	資料收集區	data collection zone
数据采集设备	數值轉換器	digital capture device, data acquisition equipment
数据采集系统	資料收集系統	data acquisition system
数据仓库	資料倉庫	data warehouse

大 陆 名	台 湾 名	英 文 名
数据操作	资料操作	data manipulation
数据操作语言	资料操作语言	data manipulation language, DML
数据层	资料层	data layer, data coverage
数据层级	资料层级	data level
数据查询语言	资料查询语言	data query language
数据产品	资料产品	data product
数据产品级别	资料产品等级	data product level
数据处理	资料处理	data handling, data processing
数据传出	资料传出	data roll out
数据传输	资料传输	data transmission
数据存档及分发系统	资料存档及分布系统	data archive and distribution system, DADS
数据存取安全性	资料存取安全性	data access security
数据存取控制(=数据访问控制)		
数据存取装置	资料存取装置	data access arrangement, DAA
数据存储	资料储存	data storage
数据存储介质	资料储存媒介	data storage medium
数据存储控制语言	资料储存控制语言	data storage control language
数据代理	资料代理	data surrogates
数据代理商	资料代理商	data broker
数据单元	资料单元	data cell
数据档案	资料档	data archive
数据叠加(=数据叠置)		
数据叠置,数据叠加	资料套叠	data overlaying
数据定义	资料定义	data definition
数据定义语言	资料定义语言	data definition language, DDL
数据定义域	资料定义域	data universe
数据独立存取模型	资料独立存取模型	data independence access model
数据讹误	资料谬误	data corruption
数据发布	资料发布	data dissemination
数据访问控制,数据存取控制	资料存取控制	data access control
数据分层	资料分层	data layering
数据分发	资料分发	data distribution
数据分割	资料分割	data fragmentation
数据分类	资料分类	data classification
数据分析	资料分析	data analysis

大　陆　名	台　湾　名	英　文　名
数据分析程序	資料分析程序	data analysis routine
数据服务	資料服務	data service
数据服务单元	資料服務單元	data service unit
[数据]覆盖区(=图层)		
数据格式	資料格式	data format
数据更改(=数据修正)		
数据更新	資料更新	data update
数据更新率	資料更新率	data update rate
数据更新周期	資料更新週期	data update cycle
数据共享	資料共享	data sharing
数据管理	資料管理	data management
数据管理和检索系统	資料管理和檢索系統	data management and retrieval system, DMRS
数据管理结构	資料管理結構	data management structure
数据管理能力	資料管理能力	data management capability
数据管理系统	資料管理系統	data management system, DMS
数据管理员	資料管理員	data administrator
数据规范	資料規範	data specification
数据获取,数据采集,数据收集	資料獲取,資料收集	data capture, data acquisition, data collection
数据获取设备系统	資料收集設備系統	data acquisition device system, DADS
数据基础设施	資料基礎建設	data infrastructure
数据基元	資料基元	data primitive
数据集	資料集, 資料組	data set
数据集比较	資料組比較	data set comparison
数据集成	資料集成	data integration
数据集精度	資料集精度	data set precision
数据集目录	資料集目錄	data set catalog, data set directory
数据集文档	資料集文件	data set documentation
数据集系列	資料集系列	data set series
数据集质量	資料集品質	data set quality
数据记录	資料記錄	data record
数据记录设备	資料記錄設備	data chamber
数据记录仪	資料記錄器	data recorder
数据加密标准	資料加密標準	data encryption standard
数据兼容性	資料相容性	data compatibility
数据监听	資料檢測	data snooping

大　陆　名	台　湾　名	英　文　名
数据检索	資料檢索	data retrieval
数据简化	資料簡化	data simplification
数据建模	資料模組化	data modeling
数据交换	資料交換	data exchange
数据交换格式	資料交換格式	data exchange format
数据交换节点	訊息交換節點	clearinghouse node
数据交换网关	訊息交換閘門	clearinghouse gateway
数据交换网站	情報交換所	clearinghouse
数据结构	資料結構	data structure
数据结构图	資料結構圖	data structure diagram
数据结构转换	資料結構轉換	data structure conversion
数据净化(=数据清理)		
数据聚合	資料集成	data aggregation
数据可操作性	資料可操作性	data manipulability
数据可存取性(=数据 可访问性)		
数据可访问性,数据可 存取性	資料可存取性	data accessibility
数据可移植性	資料可移植性	data portability
数据控制	資料控制	data control
数据库	資料庫	database, data bank
Sybase 数据库	Sybase 資料庫	Sybase database
数据库参数操作	資料庫參數操作	database parameter manipulation
数据库层次结构	資料庫層次結構	database hierarchy
数据库查询模块	資料庫查詢模組	database request module
数据库创建	資料庫建置	database creation
数据库对象	資料庫物件	database object
数据库关键字	資料庫關鍵字	database key
数据库管理	資料庫管理	database management, database adminis- tration
数据库管理软件	資料庫管理軟體	database management software
数据库管理系统	資料庫管理系統	database management system, DBMS
数据库管理员	資料庫管理員	database manager, database administra- tor, DBA
数据库规范	資料庫規格	database specification
Java 数据库互联	Java 資料庫連接	Java database connectivity, JDBC
数据库环境	資料庫環境	database environment
数据库集成程序	資料庫集成器	database integrator

大　陆　名	台　湾　名	英　文　名
数据库结构	資料庫結構	database architecture
数据库可靠性	資料庫可靠性	database credibility
数据库可信性	資料庫可信性	database credibility
数据库连接,数据库链接	資料庫連接	database connection, database link
数据库链接(=数据库连接)		
数据库浏览	資料庫瀏覽	database browse
数据库描述	資料庫描述	database description
数据库模式设计	資料庫模式設計	database schema design
数据库目录	資料庫目錄	database directory
数据库设计	資料庫設計	database design
数据库寿命	資料庫壽命	database longevity
数据库所有者	資料庫所有者	database owner
数据库锁定	資料庫鎖定	database lock
数据库体系结构	資料庫架構	database architecture
数据库完整性	資料庫完整性	database integrity
数据库文件	資料庫檔案	database file, DBF
数据库支持	資料庫支持	database support
数据块	資料區塊	data block, block
数据类别	資料類別	data category
数据类型	資料型態	data type
数据粒度	資料粒度	data granularity
数据链接	資料連接	data link
数据链接控制	資料連接控制	data link control
数据链接层	資料連結層	data link layer
数据流	資料流	data stream
数据流方式	資料流模式	data streaming mode
数据密度	資料密度	data density
数据描述记录	資料描述記錄	data description record
数据描述语言	資料描述語言	data descriptive language
数据敏感性	資料敏感性	data sensitivity
数据模式	資料規格	data schema
数据模型	資料模式	data model
数据目录	資料目錄	data catalogue, data directory
数据拼块	資料拼幅	data tile
数据平滑	資料平滑化	data smoothing
数据屏蔽	資料遮罩	data mask

大　陆　名	台　湾　名	英　文　名
数据窃取	資料窺竊	data voyeur
数据清理,数据净化	資料清理	data cleaning
数据区	資料區	data area
数据全集	資料全集	data universe
数据权限	資料許可權	data rights
数据冗余	資料冗餘	data redundancy
数据入口	資料入口	data entry
数据矢量化	資料向量化	data vectorization
数据视图	資料視圖	data view
数据收集(=数据获取)		
数据输出	資料輸出	data output
数据输出选项	資料輸出選項	data output option
数据输入	資料輸入	data input
数据输入程序	資料輸入程序	data entry procedure
数据输入指南	資料輸入指南	data entry guide
数据输入终端	資料輸入終端	data entry terminal
数据属性	資料屬性	data attribute
数据速率	資料速率	data rate
数据缩减	資料縮減	data reduction
数据探测法	資料探測法	data snooping
数据提取	資料萃取	data extraction
数据体系结构	資料體系結構	data architecture
数据通道	資料通道	data channel
数据通信	資料通訊	data communication
数据挖掘	資料採掘	data mining
数据完整性	資料完整性	data completeness, data integrity
数据网络	資料網路	data network
数据网络标识码	資料網路認證碼	data network identification code
数据位	資料位元	data bit
数据文件	資料檔	data file
数据文件维护	資料檔案養護	data file maintenance
数据系统	資料系統	data system
数据显示	資料顯示	data display
数据现势性	資料現勢性	data currency
数据相关性	資料相關性	data relativity
数据项	資料項	data item
数据信号传输率	資料信號傳輸率	data signaling rate
数据形式化	資料制式化	data formalism

大　陆　名	台　湾　名	英　文　名
数据修正,数据更改	資料修正	data modification
数据讯息	資料訊息	data message
数据压缩	資料壓縮	data compression
数据压缩比	資料壓縮比	data compression ratio
数据压缩程序	資料壓縮程式	data compression routine
数据压缩系数	資料壓縮係數	data compression factor
数据掩码	資料遮罩	data mask
数据依赖性	資料相依性	data dependency
数据语言	資料語言	data language
数据语义	資料語義	data semantics
数据域,数据字段	資料欄,資料欄位	data field
数据元素	資料元素	data element
数据源	資料來源	data source
数据载体检测	資料載具檢測	data carrier detection
数据再聚合	資料重聚合	data reaggregation
数据帧	資料集	data frame
数据真实性	資料真實性	data reality
数据整理	資料整理	clean data
数据志	資料處理歷程,資料誌	lineage, data lineage
数据质量	資料品質	data quality
数据质量单位	資料品質單位	data quality unit
数据质量度量	資料品質量測	data quality measure
数据质量检测结果表	資料品質檢測結果表	data quality metrics
数据质量控制	資料品質控制	data quality control
数据质量模型	資料品質模型	data quality model
数据质量评价过程	資料品質評估流程	data quality evaluation procedure
数据质量评价结果	資料品質評價結果	data quality result
数据质量元素	資料品質元素	data quality element
数据质量值域	資料品質值域	data quality value domain
数据质量综述元素	資料品質綜合元素	data quality overview element
数据中心	資料中心	data center
数据终端设备	資料終端設備	data terminal equipment
数据主题区	資料主題區	data subject area
数据主题组	資料主題組	data subject group
数据转换	資料轉換	data conversion, data transfer
数据转换标准	資料轉換標準	data transfer standard
数据准备	資料準備	data preparation
数据准确度	資料正確性	data accuracy

大　陆　名	台　湾　名	英　文　名
数据子类	資料子類別	data sub-category
数据字典	資料典	data dictionary
数据字段(=数据域)		
数据综合	資料概括化	data generalization
数据组织	資料組織	data organization
数模转换	數位轉換,類比轉換	digital-to-analog conversion, D/A
数模转换器	數位轉換器,類比轉換器	digital-to-analog converter, DAC
数模转换装置	數位/類比轉換裝置	digital-analog device
数学表达式	數學表達式	mathematical expression
数学函数	數學函數	mathematical function
数学模型	數學模型	mathematical model
数值	數值	digital number, DN, digital value
数字编码	數位編碼	digital encoding
数字表面模型	數位地表模型	digital surface model, DSM
数字处理	數位處理	digital process
数字的	數位的	digital
数字等高线图	數位等高線圖	digital contour plot
数字地理空间数据框架,数字地球空间数据框架	數位地理空間資料框架,數位地球空間資料框架	digital geospatial data framework
数字地理空间元数据内容标准	數位地理空間詮釋資料內容標準	content standard for digital geospatial metadata
数字地理信息交换标准	數位地理資訊交換標準	digital geographic information exchange standard, DIGEST
数字地球	數位地球	digital earth
数字地球空间数据框架(=数字地理空间数据框架)		
数字地图	數位地圖	digital map
数字地图层	數位地圖圖層	digital map layer
数字地图分析	數位地圖分析	digital cartographic analysis
数字地图交换格式	數位地形圖交換格式	digital cartographic interchange format, DCIF
数字地图模型	數值製圖模型	digital cartographic model
数字地图配准	數位地圖套合	digital map registration
数字地图数据库	數位地形圖資料庫	digital cartographic database, DCDB
数字地图制图	數位製圖	digital cartography

大　陆　名	台　湾　名	英　文　名
数字地形高程数据	數位地形高程資料	digital terrain elevation data，DTED
数字地形模型	數值地形模型	digital terrain model，DTM
数字多光谱扫描仪	數位多光譜掃描儀	digital multispectral scanner
数字多路转换接口	數位多工介面	digital multiplexed interface
数字服务单元	數位服務單元	digital service unit
数字高程矩阵	數位高程矩陣	digital elevation matrix
数字高程模型	數位高程模型	digital elevation model，DEM
数字航海图	數位航海圖	digital nautical chart，DNC
数字化	數位化	digitizing，digitization
数字化板	數位板	digital tablet，data tablet，digitizing board，digitizing tablet
数字化编辑	數化編輯	digitizing edit
数字化标示器	數化遊標	digitizing cursor
数字化地图	數位化地圖	digitized map
数字化工作站	數化工作站	digitizing workstation
数字化模式	數化模式	digitizing mode
数字化设置	數字化設置	vectorization settings
数字化视频	數位化視訊	digitized video
数字化仪	數化板,數化儀	digitizer
数字化仪菜单(=数字化仪选单)		
数字化仪分辨率	數化板解析度	digitizer resolution
数字化仪精度	數化板正確度	digitizer accuracy
数字化仪选单,数字化仪菜单	數位儀器選單	tablet menu
数字化仪坐标	數位儀器坐標	tablet coordinates
数字化影像	數位化影像	digitized image
数字化阈值	數位化門檻值	digitizing threshold
数字化追踪工具	數字化追蹤工具	vectorization trace tool
数字交换格式	數位交換格式	digital exchange format，DXF
数字景观模型	數位景觀模型	digital landscape model，DLM
数字纠正	數位糾正	digital rectification
数字矩阵	數位矩陣	digital matrix
数字控制转移交换	數位控制分枝交換	digital control branch exchange，DCBX
数字录音带	數位錄音帶	digital audio tape
数字滤波	數位濾波	digital filtering
数字滤波器	數位濾波器	digital filter
数字模拟	數位模擬	digital simulation

大　陆　名	台　湾　名	英　文　名
数字栅格图	數位網格圖	digital raster graphics, DRG
数字摄影测量	數位攝影測量	digital photogrammetry
数字摄影测量工作站	數位攝影測量工作站	digital photogrammetric workstation, DPW
数字摄影测量系统	數位攝影測量系統	digital photogrammetric system, DPS
数字数据	數位資料	digital data
数字数据采集	數位資料收集	digital data collection
数字数据库	數位資料庫	digital database
数字数据通信协议	數位資料通訊信息協定	digital data communication message protocol
数字特征分析数据	數位特徵分析資料	digital feature analysis data, DFAD
数字梯度,数字斜率	數位梯度	digital gradient
数字通信	數位通訊	digital communication
数字图像处理	數位影像處理	digital image processing, DIP
数字图像分析	數位影像分析	digital image analysis
[数字图像]像元值	波譜值	DN value
数字文件	數位文件	digital file
数字文件同步化	數位資料同步	digital file synchronization
数字线划图	數位線化圖	digital line graph, DLG
数字相关	數位相關	digital correlation
数字镶嵌	數位鑲嵌	digital mosaic
数字斜率(=数字梯度)		
数字信号	數位訊號	digital signal
数字循环载体	數位迴圈載具	digital loop carrier
数字循环诊断	數位迴圈檢查	digital loopback
数字影像	數位影像	digital image
数字影像数据库	數位影像資料庫	digital image database
数字语音	數位語音	digital voice
数字增量式绘图仪	增量式數位繪圖儀	digital incremental plotter
数字正射影像	數位正射影像	digital orthophoto, digital orthoimage, digital orthoimagery
数字正射影像图	數位正射影像圖	digital orthophoto map, DOM, digital orthophoto quadrangle, DOQ
数字制图	數位製圖	digital mapping
数字制图程序	數位製圖程式	digital mapping program
数字制图数据	數位地圖資料	digital cartographic data
数组	陣列	array
刷新	圖形重繪	refresh
衰减	減弱作用	attenuation

大 陆 名	台 湾 名	英 文 名
双标准纬线	雙標準緯線	standard parallel
双二进制编码	雙二進位編碼	duobinary coding
双精度	雙精度	double precision
双频接收机	雙頻接收儀	double frequency receiver
双线性内插	雙線性內插	bilinear interpolation
水平角	水平角	horizontal angle
水平控制	水平控制	horizontal control
水平控制基准	水平控制基準	horizontal control datum
水平整合,横向整合	水平整合,橫向整合	horizontal integration
水网类型(=水系类型)		
水文测量	水文測量	hydrographic survey
水文基准(=水文数据)		
水文数据,水文基准	水文資料,水文基準	hydrographic datum
水文学	水文學	hydrology
水系	水系	drainage
水系类型,水网类型	水系圖型	drainage pattern
水系图	水系圖	drainage map
水准	水準	leveling
水准点	水準點	benchmark
顺序表	順序表	turn table
顺序数据	級序的資料	ordinal data
顺序索引文件	循序索引檔	indexed sequential file
顺序文件	連續檔案	sequential file
瞬时对象	瞬時對象	temporal object
瞬时对象表	瞬時對象表	temporal object table
瞬时偏移[量]	瞬時位移	temporal offset
瞬时事件	瞬時事件	temporal event
瞬时视场	瞬時視場	instantaneous field of view, IFOV
瞬时网络分析器	瞬時網路分析器	transient network analyzer, TNA
私有虚拟服务器	私有虛擬服務器	private virtual server
四边形	四邊形	quadrangle
四叉树	四元樹	quadtree, Q-tree
四分色	四分色	cyan magenta yellow black, CMYK
松散耦合	鬆散連結	loose coupling
松散耦合服务	鬆散連結服務	loose coupled service
搜索半径	搜索半徑	search radius
搜索阈值	搜索阈值	search tolerance
宿主	宿主	host

大　陆　名	台　湾　名	英　文　名
算法	演算法	algorithm
随机抽样	隨機抽樣	random sampling
随机访问	隨機存取	random access
随机高速缓存	隨取暫存區	on-demand cache
随机模型	隨機模型	stochastic model
缩放	縮放	zoom
缩略图	縮略圖	thumbnail
缩微胶片	微膠片	microfilm
缩小	縮小	zoom out
索引	索引	index
索引图	索引圖	index map
锁定	鎖定	locking

T

大　陆　名	台　湾　名	英　文　名
太字节(=万亿字节)		
泰森多边形	徐昇多邊形	Thiessen polygon
弹出式窗口	跳出式視窗	pop-up window
探测法	探測法	soundex
特权,使用权	使用權	privilege
特征,要素	圖徵,要素	feature
特征标识符	圖徵標識符號	feature identifier
特征分离	圖徵分離	feature separation
特征畸变	特徵畸變	characteristic distortion
特征码	圖徵代碼	feature codes
特征频率	特徵頻率	characteristic frequency
特征曲线	特徵曲線	characteristic curve
特征矢量	特徵向量	eigenvector
特征矢量分析	特徵向量分析	eigenvector analysis
特征提取	圖徵萃取	feature extraction
特征选择	圖徵選取	feature selection
特征值	特徵值	eigenvalue
特征转换类	特徵轉換類	turn feature class
梯度	斜率	gradient
提取	提取	extract
体	體	solid, volume
体积计	體積計	stereometer

大　陆　名	台　湾　名	英　文　名
体素(=体元)		
体系框架	組織架構	architectural framework
体元,体素	體元	voxel
替代数据	可替換性資料	alternative data
天底	天底	nadir
天顶角	天頂角	zenith angle
天顶距	天頂距	zenith distance
天球	天球	celestial sphere
填充	填充	fill
填充地图	輪廓地圖	outline map
填充图像	填充圖像	picture fill
条件表	條件表	condition table
条件表达式	條件表達式	conditional expression
条件模式	條件型態	conditional pattern
条件平差	條件平差	constrained adjustment
条件声明	條件聲明	conditional statement
条件算子	條件運算子	conditional operator
调绘像片	註記像片	annotated photograph
调试	除錯	debug
调试器	除錯軟體	debugger
贴加	覆蓋	drape
停靠	停靠	docking
通道	波段	channel
通过判定	通行判定	pass verdict
通视分析(=可视性分析)		
通视分析功能	通視分析功能	intervisibility function
通视图(=视线地图)		
通信	通信,通訊	communication
通信服务接口	通信服務介面	communication service interface, CSI
通用标记语言标准(=通用置标语言标准)		
通用对象模型	COM 模型	common object model, COM
通用分类	通用分類	universal class
通用横轴墨卡托投影	通用橫麥卡托投影	Universal Transverse Mercator, UTM
通用极球面投影	通用極球面投影	Universal Polar Stereographic, UPS
通用计算机	通用電腦	general purpose computer

大　陆　名	台　湾　名	英　文　名
通用建模语言	統一塑模語言	Unified Modeling Language, UML
通用克里金法	通用克利金法	universal Kriging
通用命名标准	通用命名標準	universal naming conversion, UNC
通用模型	通用模型	general model
通用数据结构	通用資料結構	common data architecture
通用水土流失方程式	通用水土流失方程式	universal soil loss equation
通用网关接口,公共网关接口	通用閘道介面	common gateway interface, CGI
通用网关接口程序	CGI 指令碼	common gateway interface script, CGI script
通用要素模型	通用物徵模型	general feature model
通用置标语言标准,通用标记语言标准	通用置標語言標準,通用標記語言標準	Standard for General Markup Language, SGML
通用注册搜寻机制	通用註冊搜尋機制	universal description discovery and integration
通用组件模型对象	通用組件模型對象	utility COM object
同步数据链接控制	同步資料連結控制	synchronous data link control, SDLC
同步通信	同步通訊	synchronous communication
统计	統計	statistic
统计分析	統計分析	statistical analysis
统计面	統計表面	statistical surface
统计图	統計圖	cartogram
统一几何空间	統一幾何空間	coincident geometry
统一序列	統一序列	uniform list
统一用户接口(=统一用户界面)		
统一用户界面,统一用户接口	統一使用者介面	unified customer interface
统一资源定位器	統一資源定位器	uniform resource locator, URL
头记录	檔頭記錄	header record
头文件	標頭檔	header file
投影	投影	projection
投影差(=高差位移)		
投影数据	投影資料	project data
投影锁	投影鎖	project lock
投影修改	投影修改	project repair
投影与地图表目录	投影與地圖表目錄	project and map sheet catalog, PMC
投影转换	投影轉換	projection transformation

大　陆　名	台　湾　名	英　文　名
投影坐标	投影坐標	projected coordinates
投影坐标系	投影坐標系	projected coordinate system
透视	透視	perspective
透视视图	透視圖析	perspective view
凸包,凸壳	凸殼	convex hull
凸多边形	凸多邊形	convex polygon
凸壳(=凸包)		
图	圖	graph
图斑	局部增補	patch
图斑综合	區域拼湊概括化	area patch generalization
图边	圖邊	margin
图标	圖示	icon
图表	圖表	chart
图表数据	表格資料	tabular data
图层,[数据]覆盖区	圖層,資料覆蓋區	coverage, layer
图层单元	圖層單位	coverage units
图层范围	圖層範圍	coverage extent
图层更新	圖層更新	coverage update
图层索引	圖層索引	layer index
图层要素类	圖層元素類別	coverage feature class
图层元素	圖層元素	coverage element
图幅	圖幅	mapsheet
图幅范围	地圖範圍	map extent
图幅拼接	地圖接合	mapjoin
图廓	圖廓	map border
图廓花边	圖廓花邊	cartouche
图廓线	圖廓線	border line
图廓注记	圖廓註記	border information
图例	圖例	legend, map legend
图面底点	圖面底點	map nadir
图面配置	圖面配置	layout, map layout
图名	圖名	map name, map title
[图示]表达	描繪	portrayal
[图示]表达服务	描繪服務	portrayal service
图外说明注记	圖外說明註記	marginalia
图像(=影像)		
图像比例尺	影像比例尺	image scale
图像边缘	影像邊界	image boundary

大　陆　名	台　湾　名	英　文　名
图像编码	影像編碼	image coding
图像变换	影像轉換	image transformation
图像处理	影像處理	image processing
图像处理设备	影像處理設備	image processing facility
图像处理系统	影像處理系統	image processing system
图像存储系统	影像儲存系統	image storage system
图像反差	影像對比	image contrast
图像分辨率	影像解析度	image resolution
图像分割	影像分割	image segmentation
图像分类(=影像分类)		
图像分析	影像分析	image analysis
图像服务	影像服務	image service
图像服务器	影像伺服器	image server
图像复原	影像回復	image restoration
图像校正	影像校正	image rectification
图像目录	影像目錄	image catalog, image directory
图像配准	影像套合	image registration
图像匹配	影像匹配	image matching
图像平滑	影像平滑化	image smoothing
图像锐化	影像銳利化	image sharpening
图像失真	影像失真	image distortion
图像识别	影像識別	image recognition
图像输入输出系统	影像輸入輸出系統	image I/O system
图像数据(=影像数据)		
图像数据采集	影像資料蒐集	image data collection
图像数据存储	影像資料儲存	image data storage
图像数据检索	影像資料檢索	image data retrieval
图像数据库(=影像数据库)		
图像[数据]压缩	影像資料壓縮	image data compression
图像退化	影像衰減	image degradation
图像文件	影像檔案	image file
图像显示系统	影像顯示系統	image display system
图像相关	影像相關	image correlation
图像压缩	影像壓縮	image compression
图像元数据	影像詮釋資料	image metadata
图像增强	影像增強	image enhancement
图像坐标	影像坐標	image coordinate

大　陆　名	台　湾　名	英　文　名
图形	圖形	graphics
图形比例尺	圖形比例尺	graphic scale
图形变量	圖形變數	graphic variable
图形表示[法]	圖形表示	graphic presentation
图形操作处理	圖形操作處理	graphic manipulation
图形查询	圖形查詢	graphics inquiry
图形叠置	圖形套疊	graphic overlay, graphic superimposition
图形分辨率	圖形解析度	graphics resolution
图形符号	圖形符號	graphic symbol
图形记号	圖形記號	graphic sign
图形加速卡	圖形加速卡	graphics accelerator
图形校正	圖形校正	graphic rectification
图形模式	圖形模式	graphics mode
图形屏幕	圖形螢幕	graphics screen
图形软件	圖形軟體	graphics software
图形设备接口	圖形設備介面	graphic device interface, GDI
图形设计系统	圖形設計系統	graphics design system
图形适配器	圖形介面卡	graphics adapter
图形输出设备	圖形輸出單元	graphic output unit
图形输入设备	圖形輸入單元	graphic input unit
图形数据库	圖形資料庫	graphic database
图形数字化板	圖形板	graphics tablet
图形刷新	更新圖形	refresh graphics
图形文本	圖形文字	graphic text
图形显示	圖形顯示	graphic display
图形显示单元	圖形顯示單元	graphics display unit
图形显示终端	圖形顯示終端機	graphics display terminal
图形页面	圖形頁面	graphics page
图形用户界面	圖形使用者介面	graphical user interface, GUI
图形语言	圖形語言	graphics language
图形元素	圖形元素	graphic primitive
图形终端	圖形終端機	graphic terminal
图形组件	圖形組件	graphic component
图样	圖樣, 形式	pattern
图元	圖元	glyph
土地单元	土地單元	land unit
土地登记簿	土地登記冊	register of land
土地覆盖	土地覆蓋	land cover

大　陆　名	台　湾　名	英　文　名
土地类型	地類	land type
土地类型图	土地類型圖	land-type map
土地利用	土地利用	landuse, land utilization
土地利用调查	土地使用調查	landuse inventory, landuse survey
土地利用分类,土地利用类别	土地利用分類,土地利用類別	landuse category
土地利用规划	土地利用規劃	landuse planning
土地利用类别(＝土地利用分类)		
土地利用数据	土地利用資料	landuse data
土地利用图	土地利用圖	landuse map, land utilization map
土地评价	土地評價	land evaluation
土地属性	土地屬性	land attributes
土地信息系统	土地資訊系統	land information system, LIS
推扫式扫描仪	推掃掃描儀	pushbroom scanner
拖曳	拖曳	dragging
[椭球]扁率	[地球]扁率	flattening
椭球体	球狀體	spheroid
椭圆	橢圓	ellipse
椭圆体	橢圓體	ellipsoid
拓扑编码	位相編碼	topological coding
拓扑错误	位相錯誤	topological error
拓扑叠加	位相套疊	topological overlay
拓扑方位	拓撲方位	topology fix
拓扑分析	拓撲分析	topological analysis
拓扑关联数据库	位相聯結資料庫	topologically linked database
拓扑关系	位相關係	topological relationship
拓扑规则	拓撲規則	topology rule
拓扑缓存	拓撲緩存	topology cache
拓扑基元	位相基元	topological primitive
拓扑结构	位相結構	topological structure
拓扑结构化数据	位相結構資料	topologically structured data
拓扑空间	位相空間	topological space
拓扑连接	拓撲連接	topological association
拓扑数据	位相資料	topological data
拓扑数据结构	位相資料結構	topological data structure
拓扑数据模型	位相資料模型	topological data model
拓扑特征	拓撲特徵	topological feature

大　陆　名	台　湾　名	英　文　名
拓扑统一地理编码格式	位相整合地理編碼與參考系統,泰格爾系統格式	topologically integrated geographic enco-ding and referencing, TIGER
拓扑[学]	拓撲, 位相	topology

W

大　陆　名	台　湾　名	英　文　名
外部边界	外部邊界	enclosure
外部参考文件	外部參考文件	external reference file
外部程序	外部程序	external program
外部多边形	外部多邊形	external polygon
外多边形	外多邊形	universe polygon
外键	外部鍵	foreign key
外接矩形	外接矩形	bounding rectangle
外推	外插法	extrapolation
外围设备	週邊設備	peripheral device
完全高速缓存	完全高速緩存	full cache
完整性	完整性	completeness
万维网	全球資訊網	world wide web, WWW
万维网表单	萬維網表單	web form
万维网地理信息系统	網路地理資訊系統	Web GIS
万维网地图服务器规范	網路地圖服務規範	web map server specification
万维网服务	網路服務	web service
万维网服务描述语言	網路服務描述語言	web service description language, WSDL
万维网服务目录	萬維網服務目錄	web service catalog
万维网服务器	萬維網服務器	web server
万维网控件	萬維網控件	web control
万维网浏览器	萬維網瀏覽器	web browser
万维网门户,万维网入口	萬維網門戶,萬維網入口	web portal
万维网入口(=万维网门户)		
万维网协会	網際網路協會	World Wide Web Consortium
万维网要素服务器	網路圖徵服務器	web feature server, WFS
万维网应用	萬維網應用	web application
万维网应用模板	萬維網應用模板	web application template
万维网站点	萬維網站點	web site

大 陆 名	台 湾 名	英 文 名
万维网制图	網路製圖	web mapping
万维网注册服务	網路註冊服務	web registry service
万亿字节,太字节,10^{12}字节	兆位元組	terabyte,TB
网点	方格網	lattice
网关服务	閘道服務	gateway service
网络	網路	network
网络层	網路圖層	network layer
网络地理信息系统	網路地理資訊系統	network GIS
网络分析	網路分析	network analysis
网络分析层	網路分析層	network analysis layer
网络附属元素	網路附屬元素	network ancillary role
网络节点	網路節點	network node
网络结构	網路結構	network structure
网络链接	網路連結線	network links
网络模型	網路模型	network model
网络属性	網路屬性	network attribute
网络数据	網路資料	network data
网络数据集	網路資料集	network data set
网络数据库	網路資料庫	network database
网络拓扑	網路位相學	network topology
网络文件系统	網路檔案系統	network file system,NFS
网络协议	網路協定	network protocol
网络要素	網路要素	network feature
网络元素	網路元素	network element
网络追踪	網路追蹤	network trace
网状多边形	網狀多邊形	teseeral
网状数据模型	網路資料模式	network data model
微分纠正	微分糾正	differential correction,differential rectification
维	維	dimension
维护更新	維護更新	maintenance renewal
维护许可	維護許可	maintenance license
伪彩色(=假彩色)		
伪多边形	虛擬多邊形	pseudo polygon
伪节点	假節點	pseudo node
伪随机噪声	偽隨機噪聲	pseudo-random noise,PRN
纬度	緯度	latitude

大　陆　名	台　湾　名	英　文　名
卫星星座	衛星星座	satellite constellation
卫星影像	衛星影像	satellite image
未初始化流方向	未初始化流方向	uninitialized flow direction
未及	未搭	undershoot
未知点	未知點	unknown point
位每秒	每秒位元數	bits-per-second, bps
位模式	位元型態	bit pattern
位屏蔽	位元遮罩	bitmask
位深	位元數	bit depth
位图	點陣圖	bit map
位移,偏移量	位移,偏移量	offset
位置	位置	position, location
位置参照	位置參考	locational reference
位置查找	位置查找	find places
位置服务	位置服務	location service
位置精度(= 位置准确度)		
位置配置	區位分配	location-allocation
位置起动钮	位置起動鈕	site starter
位置探测	位置探測	site prospecting
位置误差	位置誤差	location error
位置准确度,位置精度	位置準確度	positional accuracy
文本	文字	text
文本窗口	文字視窗	text window
文本对象	文字物件	text object
文本符号	文本符號	text symbol
文本格式标记	文本格式標記	text formatting tag
文本框	文字矩形區	text rectangle
文本属性	文字屬性	text attribute
文本数据	文字資料	text data
文本文件	文本文件	text file
文本样式	文字樣式	text style
文档(= 文件)		
文档窗口	文件視窗	document window
文档文件	文件檔案	document file
文档文件图标	文件檔案圖示	document-file icon
文件,文档	文件	document
文件编制	文件編纂	documentation

大　陆　名	台　湾　名	英　文　名
文件传输	檔案傳輸	file transfer
文件传输协议	檔案傳輸協定	file transfer protocol，FTP
文件服务器	檔案伺服器	file server
文件服务器协议	檔案伺服器協定	file server protocol
文件格式	檔案格式	file format
shape 文件格式	shape 檔案格式	shapefile
文件管理	檔案管理	file management
文件管理系统	檔案管理系統	file manager system
文件夹	檔案夾	folder
文件夹连接	檔案夾連接	folder connection
文件结构	檔案結構	file structure
文件结束标志	檔案結尾	end of file，EOF
文件扩展名(＝文件名后缀)		
文件名	檔案名稱	file name
文件名后缀,文件扩展名	副檔名	file name extension
文件属性	檔案屬性	file attribute
文件索引	檔案索引	file indexing
文件锁定	檔案鎖定	file locking
文件图像处理	文件影像處理	document image processing，DIP
文件系统	檔案系統	file system
文件压缩	檔案壓縮	file compression
文件阅读器	文件閱讀器	document reader
文字说明	說明文字	descriptive text
纹理	紋理	texture
纹理分析	紋理分析	texture analysis
纹理映射	紋理映射	texture mapping
纹理坐标	紋理坐標	texture coordinate
无方向网络流	無方向網路流	undirected network flow
无缝集成	無縫集成	seamless integration
无缝数据库	無接縫資料庫	seamless database
无损压缩	無損壓縮	lossless compression
无条件模式	無條件模式	unconditional pattern
无线网地理信息系统	無線應用通訊協定之 GIS	wireless application protocol GIS，WAP GIS
无序数字化	流線數字化	spaghetti digitizing
无意义多边形(＝破碎		

大　陆　名	台　湾　名	英　文　名
多边形）		
误差表	誤差表	error table
误差传播	誤差傳播	error propagation

X

大　陆　名	台　湾　名	英　文　名
1980 西安坐标系	1980 西安坐標系	Xi'an Geodetic Coordinate System 1980
吸收	吸收	absorption
吸引力	吸引力	attraction
系列条件值	系列條件值	series of conditional values
系统集成	系統整合	system integration
系统网络结构	系統網路架構	system network architecture，SNA
系统误差	系統誤差	systematic error
细化	細線化	thinning
下沉	下沈	sink
下拉选单	下拉選單	pull-down menu
下行	下行	downstream
下载	下載	download
先导计划	領航計畫	pilot project
显示比例尺	顯示比例尺	display scale
显示单位	顯示單位	display unit
显示类型	顯示類型	display type
显着性水平	顯著性水平	level of significance
现实世界现象	真實世界現象	real world phenomenon
现势性	即時性	currency
现有数据	現有資料	existing data
线	線	line
线程	線程	thread
线串	線串	line string
线段	線段	segment
线段交叉	線條交會	line intersection
线光滑	線平滑化	line smoothing
线划地图	線劃地圖	line map
线划图	線劃圖	line graph
线宽	線寬權重	line weight
线框	線架構	wire fvame
线连接	線連接	line connection

大　陆　名	台　湾　名	英　文　名
线模式	線數化模式	line mode
线扫描仪	線掃描儀	whisk broom scanner
线条简化	線條簡化	line simplification
线图层	線圖層	line coverage
线细化	細線化	line thinning
线线层叠加	線圖層疊合	line-on-line overlay
线型	線型	line pattern
线性变换	線性轉換	linear transformation
线性参考	線性參考	linear referencing
线性参照系	線性參考系統	linear reference system
线性单元	線性單元	linear unit
线性维	線性維度日	linear dimension
线性要素	線性圖徵	linear feature
线元素	線元素	line element
线状符号	線符號	line symbol
线状要素	線狀圖徵	line feature
线综合	線簡約化	line generalization
限制	限制	limits
相对定位	相對定位	relative positioning
相对路径	相對路徑	relative path
相对准确度	相對準確度	relative accuracy
相对坐标	相對坐標	relative coordinate
相关,相关性	相關性	correlation
相关性(=相关)		
相交	交集	intersect
相接的	相接的	conterminous
相似分析	相似分析	similar analysis
镶嵌式数据模型	棋盤式資料模式	tessellation data model
响应	回應	response
响应时间	回應時間	response time
项	項目	item
GPS 相位码	GPS 相位碼	code phase GPS
象限	四分圓區域	quadrant
像片	像片	photograph
像片底图	像片基本圖	photo basemap
像片镶嵌	鑲嵌	mosaic
像素(=像元)		
像素坐标系统	像素坐標系統	pixel coordinate system

大　陆　名	台　湾　名	英　文　名
像移补偿	像移補償	image-motion compensation
像元,像素	像元,像素	pixel, cell, picture element
像元尺寸	像元尺寸	cell size
像元分辨率	像元解析度	cell resolution
像元结构	像元結構	cell structure
像元码	網格碼	cell code
像元统计	像元統計	cell statistics
像元图	像元圖	cell map
像元选择	像元選擇	cell selection
橡皮拉伸	橡皮伸縮	rubber sheeting, rubber banding, scrubbing
小比例尺	小比例尺	small-scale
小数的	小數的	decimal
小应用程序	小程式	applet
协方差	共變數	covariance
协调世界时	協調世界時	coordinate universal time, CUT
协同克里金法	聯合克利金法	co-Kriging
协议	協定	protocol
TCP/IP 协议	傳輸控制協定,網際網路協定	Transmission Control Protocol/Internet Protocol
斜率	斜率	percent slope
斜轴投影(=倾斜投影)		
信号	信號	signal
信息	資訊	information
信息安全	資訊安全	information safety, information security
信息采集	資訊蒐集	information collection
信息存储接口	訊息儲存介面	information storage interface, ISI
信息革命	資訊革命	information revolution
信息格式	資訊格式	information format
信息管理	資訊管理	information management
信息管理系统	資訊管理系統	information management system, IMS
信息技术	資訊技術	information technology, IT
信息检索系统	資料檢索系統	information retrieval system
信息结构	資訊結構	information structure
信息科学	資訊科學	information science
信息率	資訊速率	information rate
信息论	資訊理論	information theory
信息内容	資訊內容	information contents

大　陆　名	台　湾　名	英　文　名
信息融合	資訊融合	information fusion
信息设备	資訊設備	information appliance
信息社团	資訊社群	information community
信息视点	資訊觀點	information viewpoint
信息提取	資訊萃取	information extraction
信息系统	資訊系統	information system
信息学	資訊學	informatics
信息资源管理	資訊資源管理	information resource management，IRM
信息资源字典系统	資訊資源字典系統	information resource dictionary system，IRDS
信噪比	信噪比	signal-noise ratio，SNR
兴趣点管理器网络服务	興趣點管理器網路服務	points of interest manager web service
星历表	星歷表	ephemeris
星下点	星下點	sub-satellite point
形态线	形態線	form line
形态学	形態學	morphology
形心	形心	centroid
形状	形狀	shape
性能	性能	performance
性能测试	性能測試	capability test
虚拟表	虛擬表	virtual table
虚拟地图	虛擬地圖	virtual map
虚拟空间	虛擬空間	cyberspace
虚拟路径	虛擬路徑	virtual directory
虚拟内存	虛擬記憶體	virtual memory
虚拟现实	虛擬實境	virtual reality，VR
虚拟研究区	虛擬研究區	virtual study area
虚拟页	虛擬頁	virtual page
虚拟终端机	虛擬終端機	virtual terminal
虚线	虛線	dashed line
悬挂	懸突	dangle
悬挂弧段	懸突弧段	dangling arc
悬挂结点	懸突節點	dangle node
悬挂容差	懸突容差	dangle tolerance
选单,菜单	選單,功能表	menu
选单按钮,菜单按钮	選單按鈕	menu button
选单盒,菜单盒	選單盒	menu box
选单控制程序,菜单控	選單控制程式	menu controlled program

大　陆　名	台　湾　名	英　文　名
制程序		
选单条,菜单条	選單列	menu bar
选单项,菜单项	選單項目	menu item
选择	選擇	selection
选择集	選擇集	selected set
选择可用性	選擇性效應	selective availability, SA
选择连接的图元对话框	選擇連接的圖元對話框	select connected cells dialog box
选择起点	選擇起點	selection anchor
选择文件	選擇文件	selection file
选择值	選擇值	selected value
渲染	轉譯	rendering
渲染器	渲染器	renderer
寻径分析功能	尋徑分析功能	seek function
寻址	尋址	find address, addressing
循环	迴圈	cycle
循环处理	迴圈處理	cycle process
训练	訓練	training
训练区	訓練區	study area, training area
训练样本	訓練樣本	training sample

Y

大　陆　名	台　湾　名	英　文　名
压缩	壓縮	compaction, compression, contraction
压缩磁盘	光碟	compact disc
LZW 压缩算法	LZW 壓縮技術	Lempel-Zif-Welch, LZW
延迟	延遲	lag
颜色梯度,色阶	顏色梯度,色階	color ramp
验证	驗證	validation
验证规则	有效規則	validation rule
样式	形式	style
样式表(=样式模板)		
样式管理器	樣式管理器	style manager
样式模板,样式表	樣式模板,樣式表	style sheet
样条	曲規線	spline
样条插值	樣條插值	spline interpolation
B 样条曲线	B 雲曲線	B-spline
遥感	遙感探測	remote sensing

大　陆　名	台　湾　名	英　文　名
遥感图像处理	遙感探測影像處理	remote sensing image processing
遥感影像	遙測影像	remote-sensing imagery
要素(＝特征)		
要素层	圖徵圖層	feature layer
要素代码	特徵代碼	feature codes
要素分类	圖徵分類	feature classification
要素服务	圖徵服務	feature service
要素服务器	圖徵伺服器	feature server
要素集合	圖徵集合	feature collection
要素类	圖徵類別	feature class
要素类型	圖徵類型	feature type
要素流	圖徵流	feature streaming
要素目录	圖徵目錄	feature catalog
要素属性	圖徵屬性	feature attribute
要素属性类型	圖徵類型	feature attribute type
要素数据	圖徵資料	feature data
要素数据集	圖徵資料集	feature data set
要素提取	特徵萃取	feature extraction
要素综合	圖徵縮編	feature generalization
叶节点	葉節點	leaf node
页面单位	頁面單位	page units
页面描述语言	頁面描述語言	postscript, page description language
页面阅读器	頁面閱讀器	page reader
一对多	一對多	one-to-many
一对多关系	一對多關係	one-to-many relationship
一览图(＝总图)		
一体化数据结构	統一資料結構	unified data structure
一维基准	一維基準面	one-dimensional datum
一致	一致	coincident
一致性	一致性	conformance, consistency
一致性测试	一致性測試	conformance testing
一致性测试报告	一致性測試報告	conformance test report
一致性测试套件	符合測試與指導套件	conformance test suite
一致性评价	一致性評估	conformance assessment
一致性实现	一致性實作	conforming implementation
一致性条款	一致性條款	conformance clause
一致性质量等级	一致性品質水準	conformance quality level
依赖	依賴性	dependency

大　陆　名	台　湾　名	英　文　名
移动平均滤波器	移動平均濾鏡	moving average filter
移动式地理服务器	移動式地理伺服器	geo mobility server
移动位置逆向识别	移動位置逆向識別	reverse floating position specifier
遗传算法	遺傳演算法	genetic algorithm
遗漏扫描线	遺漏掃描線	dropped scan line
遗漏性误差	遺漏誤差	omission error
以太网	乙太網路	Ethernet
异步	非同步	asynchronism
异步请求	非同步請求	asynchronous request
异步通信	非同步通訊	asynchronous communication
异步转换	非同步轉換	asynchronous transfer
异常	異常	exception
异常值	超出值	outlier
溢出	溢出	overflow
溢出列表	溢出列表	overflow list
因特网	網際網路	Internet
阴影象征	陰影象徵	shade symbol
阴影消除图像	陰影消除圖像	shaded relief image
隐藏线	隱藏線	hidden line, invisible line
隐藏线消除	隱藏線消除	hidden line removal
隐含变量	隱含變數	hidden variable
隐含属性	隱含屬性	hidden attribute
印度空间研究组织	印度太空研究組織	Indian Space Research Organization, ISRO
[英国]国家地理空间数据库	英國國家地理空間資料庫	National Geospatial Database, NGD
[英国]国家格网	英國國家網格系統	National Grid
[英国]国家土地信息服务	英國國家土地資訊服務	National Land Information Service, NLIS
影像,图像	影像	image, imagery
影像地图	像片圖	photomap, image map
影像分类,图像分类	影像分類	image classification
影像判读	影像判讀	image interpretation
影像清晰度	影像清晰度	image sharpness
影像融合	影像融合	image fusion
影像数据,图像数据	影像資料	image data
影像数据库,图像数据库	影像資料庫	image database

大　陆　名	台　湾　名	英　文　名
影像特征	影像特徵	image feature
应用程序	應用程式	application program
应用程序集	應用集合	application assembly
应用程序间通信	應用程式間通訊	inter-application communication，IAC
应用程序接口	應用程式介面	application programming interface，API
应用程序开发人员	程式開發人員	application developer
应用程序可移植性	應用程式轉移	application portability
应用程序快捷键	應用程式快捷鍵	application shortcut key
应用服务	應用程式服務	application service
应用服务商	應用伺服器業者	application server provider，ASP
应用集成	應用整合	application integration
应用领域模型	應用領域模型	application domain model
应用模式	應用程式概念	application schema
应用模型	應用模型	application model
应用平台	應用程式平台	application platform
应用软件	應用軟體	application software
应用软件包	應用套裝軟體	application package
应用系统	應用系統	application system
硬件	硬體	hardware
硬件钥	硬體鎖	hardware key
硬拷贝	硬式拷貝	hard copy
永久数据集	永久資料集	permanent data set
永久许可证	永久許可證	permanent license
用户	使用者	user
用户标识码	使用者識別碼	user identifier，user identification code
用户工作区	使用者工作區	user work area
用户化	用戶化	customization
用户接口(=用户界面)		
用户界面,用户接口	使用者介面	user interface，UI
用户界面控制	使用者介面控制	UI control
用户名	用戶名	user name
用户命令	用戶指令	user command
用户软件	用戶端軟體	customer software
用户文件目录	使用者檔案路徑	user file directory，UFD
用户需求分析	使用者需求分析	user requirement analysis
用户坐标系	使用者坐標系	user coordinate system，UCS
用于收发邮件的后台程序	用于收發郵件的後台程序	daemon

大　陆　名	台　湾　名	英　文　名
邮政编码	郵遞區號	postcode，zipcode
游标（＝光标）		
游程编码	連續均值編碼法	run-length coding
有损压缩	有損壓縮	lossy compression
有向连接	方向性連接線	directed link
有向图	有向圖	digraph
有向网络图	方向性網路	directed network flow
有效性	有效性	validity
有效值表	有效值表	valid value table，VVT
有序参照系	級序參考系統	ordinal reference system
有序的	級序的	ordinal
有序时间标度	級序時間尺度	ordinal time scale
语法	語法	syntax
Java 语言	Java 語言	Java program language
语义信息	語義訊息	semantic information
语义转换器	語義轉換	semantic translator
预处理	預處理	pre-processing
预处理缓冲区	預處理緩衝區	preprocessed cache
预览	預覽	preview
域	範圍，網域	domain
域名服务器	網域名稱伺服器	domain name server，DNS
域值区间	網域區間	domain range
阈值	門檻值	threshold
阈值范围分析	閾值範圍分析	threshold ring analysis
元胞自动机（＝单元自 　动演化［算法］）		
元数据	詮釋資料	metadata
元数据服务	詮釋資料服務	metadata service
元数据服务器	詮釋資料伺服器	metadata server
元数据集	詮釋資料集	metadata set
元数据浏览器	詮釋資料瀏覽器	metadata explorer
元数据模式	詮釋資料模式	metadata schema
元数据实体	詮釋資料實體	metadata entity
元数据元素	詮釋資料元素	metadata element
元数据元素字典	詮釋資料元素字典	metadata element dictionary
元数据专用标准	詮釋資料內容	metadata profile
XML 元数据转换	XML 詮釋資料轉換	XML metadata interchange
元数据子集	詮釋資料項	metadata section

大　陆　名	台　湾　名	英　文　名
元素	元素	element
元组	記錄	tuple
原点	原點,起源地	origin
原色	原光,原色	primary color
原图,稿图	稿圖	manuscript map
原型	原型	prototype, prototyping
原子值	原子值	atomic value
圆	圓	circle
圆弧	圓弧	circular arc
圆角	圓角	fillet
圆柱投影	圓柱投影	cylindrical projection
圆锥投影	圓錐投影	conical projection
源表	源表	source table
远程程序调用	遠端程序呼叫	remote procedure call, RPC
远程登录	遠端登入程式	telnet
远程通信	遠距通訊	remote communication
远程信息处理	遠端處理	teleprocessing
约束	約束,限制	restriction, constraint
约束点(=连接点)		
运行时间	運行時間	run time, running time
晕滃	暈滃	hachure
晕线	暈線	hatch
晕渲	暈渲	hill shading
晕渲图(=立体图)		

Z

大　陆　名	台　湾　名	英　文　名
载波	載波	carrier
载波辅助跟踪	載波輔助跟蹤	carrier-aided tracking
载波频率	載波頻率	carrier frequency
载波通道	載波通道	carrier route
载波相位 GPS	載波相位 GPS	carrier phase GPS
载波相位观测值	載波相位觀測值	carrier phase measurement
在线	連線	on-line
在线帮助	線上說明	on-line help
在线查询	線上查詢	on-line query
在线存取	線上存取	on-line access

大　陆　名	台　湾　名	英　文　名
暂存空间	暫存空間	scratch space
暂存文件	暫存檔案	scratch file
噪声	雜訊	noise
增强模式	增顯模式	enhanced mode
增强图像	增顯後影像	enhanced imagery
增强图形适配器	增顯圖形接合器	enhanced graphics adapter, EGA
增强型图像文件	增強型圖像文件	enhanced meta file, EMF
增强型专题制图仪	增顯主題製圖儀	enhancement thematic mapper, ETM
账号	賬號	account
账号名	賬號名	account name
兆字节(＝百万字节)		
遮蔽	繪影	shading
遮盖(＝屏)		
遮盖层	遮蓋層	draped layer
折点,顶点	頂點	vertex
折线	線	polyline
折线要素	折線要素	polyline feature
真北	真北	true north
真实标记	真實標記	truth in labeling
阵列处理器	陣列處理器	array processor
整型	整數	integer
正方位投影	正方位投影	zenithal projection
正割	正割	secant
正割投射	正割投射	secant projection
正交偏移(＝正射偏移)		
正确性	正確性	correctness
正射纠正	正射糾正	orthocorrection, orthorectification
正射偏移,正交偏移	正射偏移,正交偏移	orthogonal offset
正射视图	正射視圖	orthographic view
正射投影	正射投影	orthographic projection
正射投影纠正仪	正射投影糾正儀	orthophotoscope
正射像片	正射像片	orthophotograph
正射影像图	正射像片地圖	orthophotoquad
正射像片图	正射像片圖	orthophoto
正态分布	常態分佈	normal distribution
正态概率分布	常態概率分佈	normal probability distribution
正形投影,等角投影	正形投影	conformal projection
正形转换	正形轉換	Helmert transformation

大　陆　名	台　湾　名	英　文　名
知识库	知識庫	knowledge base
知识库系统	知識庫系統	knowledge base system, KBS
执行,实现	實作	execute, implementation
直方图	直方圖	histogram
直方图规格化	直方圖規格化	histogram specification
直方图均衡化	直方圖等化	histogram equalization
直方图匹配	直方圖匹配	histogram match
直方图调整	直方圖調整	histogram adjust, histogram adjustment
直方图线性化	直方圖線性化	histogram linearization
直方图正态化	直方圖正規化	histogram normalization
直接定位	直接定位	direct positioning
直接访问	直接存取	direct access
直接连接	直接連接	direct connect
直接评价方法	直接評估方法	direct evaluation method
直线方向	直線方向	straight-line direction
直线距离	直線距離	straight-line distance
值	值	value
值属性表	值屬性表	value attribute table, VAT
值域	值域	value domain
植被指数	植生指標,植被指數	vegetation index
指北针	指北針	north arrow
指标	指標	index
指令(=命令)		
指令程序(=命令程序)		
指数	指數	exponent
指针	指標	pointer
制图单元	地圖單位	map unit
制图符号	地形圖符號	cartographic symbol
制图符号学	地形圖符號學	cartographic seminology
制图概括(=制图综合)		
制图简化	地圖簡化	cartographic simplification
制图建模	地圖模式	cartographic modeling
制图学	製圖學	cartography
制图应用软件	製圖應用軟體	map-making application software
制图语言	地形圖語言	cartographic language
制图员	製圖員	cartographer
制图专家系统	地形圖專家系統	cartographic expert system
制图准确度	製圖準確度	mapping accuracy

大　陆　名	台　湾　名	英　文　名
制图综合,制图概括	地圖概括化	cartographic generalization
质量测试版	品質測試版	quality beta
质量控制	品質控制	quality control
质量模式	品質模式	quality schema
质量元素	品質元素	quality element
秩	秩	rank
智能工作站	智慧型工作站	intelligent workstation
智能交通系统	智慧型運輸系統	intelligent transportation system, ITS
置换链接	置換鏈接	displacement link
置信度	可證實性	verifiability
置信度测试	可信度測試	verification test
置信水平	置信水平	level of confidence, confidence level
中比例尺	中比例尺	medium scale
中断	中斷	break
中间数据	中間資料	intermediate data
中误差(=均方差)		
中心点	中心點	center point
中心透视	中心透視	central perspective
中心线	中心線	center line
中心线矢量化	中心線向量化	centerline vectorization
中央处理器	中央處理器	central processing unit, CPU
中央经线	中央經線	longitude of center
中央纬线	中央緯線	latitude of center
中央子午线	中央子午線	central meridian
中值	中值	median
中值滤波器	中數濾波器,中數濾鏡	median filter
终点	端點	end point
终结点	終點	terminating node
重力大地测量学	重力大地測量學	gravimetric geodesy
重力模型	重力模型	gravity model
重力仪	重力儀	gravimeter
主比例尺	主比例尺	principal scale
主表	主表	primary table
主参考数据	主參考資料	primary reference data
主动传感器	主動感測器	active sensor
主动定位系统	主動定位系統	active location system, active positioning system
主动跟踪系统	主動式追蹤系統	active tracking system

大　陆　名	台　湾　名	英　文　名
主动数据库	主動式資料庫	active database
主关键字	主鍵	primary key
主机账号	主機賬號	server account
主属性,关键属性	主屬性,關鍵屬性	key attribute
主题(=专题)		
主要站点	主要網站	master site
主轴	主軸	major axis
注册对象	註冊物件	registry object
注册服务	註冊服務	registry services
注册模型	註冊模式	registry model
注记	註記	annotation
注记编辑工具	註記編輯工具	edit annotation tool
注释	註釋	comment
注释正射像片	註記正射像片	annotated orthophoto
柱状图[表]法	柱狀圖方法	cart diagram method
专家系统	專家系統	expert system, ES
专题,主题	主題	thematic, theme
专题表	專題表	theme table
专题地图学	專題地圖學	thematic cartography
专题属性	主題屬性	thematic attribute
专题数据	專題資料	thematic data
专题图	主題地圖	thematic map
专题影像	主題影像	theme image
专题制图	主題式製圖	thematic mapping
专题制图仪	主題製圖儀	thematic mapper, TM
专用标准	專用標準	profile
专用系统	專用系統	dedicated system
转化	轉化	translation
转换	轉換	turn
转换程序	轉換程式	transformation program
转换格式	轉換格式	transfer format
转换规则	轉換規則	transit rule
转换脉冲起始	脈衝起始	start of conversion pulse, SOC
转换模式	轉換規格	transformation schema
转换事件	轉換事件	transform events
转换阻抗	轉換阻抗	turn impedance
转折线,断线	斷線	breakline
状态	狀態	state

大　陆　名	台　湾　名	英　文　名
追踪	追蹤	tracing
准确度	準確度	accuracy
准确度评价	準確度評估	accuracy assessment
准则	基準	criterion
准则函数,判别函数	基準函數	criterion function
桌面地理信息系统	桌上型地理資訊系統	desktop GIS
桌面信息与显示系统	桌面資訊與顯示系統	desktop information and display system
桌面制图	桌上型製圖	desktop mapping
姿态	姿態	attitude
子类型	子類型	subtype
子午线	子午圈	meridian
字段	欄位	field
字符	字元	character
字符串	線段串, 字元串	string, character string
字符集	字元集	character set
字符数字	文數字	alphanumeric
字符数字符号	文數字符號	alphanumeric symbol
字节	位元組	byte
10^3 字节(=千字节)		
10^6 字节(=百万字节)		
10^9 字节(=十亿字节)		
10^{12}字节(=万亿字节)		
10^{15}字节(=千万亿字节)		
字体大小	字形大小	font point size
字形	字形	glyph
字型	字形	font
自定义(=定制)		
自定义对象	用戶對象	custom object
自定义数据类型	自定義資料類型	user-defined data type
自定义要素	用戶要素	custom feature
自动测试系统	自動測試系統	automatic test system, ATS
自动地名配置	自動名稱配置	automated name placement
自动地图制图	自動化製圖	automated cartography
自动地图制图系统	自動製圖系統	automated cartographic system
自动绘图系统	自動繪圖系統	automated drafting system
自动检查	自動檢查	automated inspection
自动矢量化	自動向量化	automated vectorization

大　陆　名	台　湾　名	英　文　名
自动数据处理	自動資料處理	automated data processing
自动数据获取	自動資料獲取	automatic data acquisition，ADA
自动数字化	自動數位化	automated digitizing
自动数字化系统	自動數化系統	automated digitizing system，ADS
自动索引技术	自動索引技術	automated indexing technique
自动要素识别	自動化特徵辨識	automated feature recognition
自动制图/设施管理系统	自動製圖–設施管理系統	automated mapping/facilities management system，AM/FM
自然地理学	自然地理	physical geography
自然邻域	自然鄰域	natural neighbor
自然语言	自然語言	natural language
自相关	相關性	autocorrelation
宗地	宗地	parcel，cadastral parcel，land parcel
宗地识别码	宗地識別號碼	parcel identification number，PIN
宗地图	宗地圖	cadastral plan，parcel map
综合	綜合	generalization
综合分辨率	綜合解析度	synthetic resolution
综合服务数字网	整體服務數位網路	integrated services digital network，ISDN
综合权重	綜合權重	composite weight
综合制图	複合製圖	composite mapping
总体规划	綜合計畫	general plan，master plan
总图,一览图	總圖,一覽圖	overview map，key map
总线	彙流排	bus
总线驱动器	線條驅動器	line driver
纵向集成,纵向整合	垂直整合	vertical integration
纵向扫描	順沿路徑掃描	along-track scanning
纵向整合(=纵向集成)		
纵坐标	縱坐標	ordinate
阻抗模型	阻力型態	impedance model
组成	組成	composition
组合关系	組合關係	composite relationship
组合框	Combo 選單	combo box
组合算子	組合運算子	combinatorial operator
组合要素	組合圖徵	composite feature
组件	元件	component
组件对象类	組件對象類	coclass
组件对象模型	組件對象模型	component object model，COM
组件对象模型兼容语言	COM 相容語言	COM-compliant language

大　陆　名	台　湾　名	英　文　名
组件对象模型接口	COM 介面	COM interface
组件目录	元件目錄	component category
组件目录管理员	元件目錄管理員	component category manager
组件软件	元件軟體	componentware
组件式地理信息系统	組件式地理資訊系統	component GIS
最大[覆盖]范围	最大[覆蓋]範圍	max extent
最短距离分类	最短距離分類法	minimum distance classification
最短路径	最短路徑	shortest route
最短路径分析	最短路徑分析	shortest path analysis
最短路径跟踪算法	最短路徑追蹤演算法	minimum path tracing algorithm
最佳线性无偏估计	最佳不偏線性推估	best linear unbiased estimate, BLUE
最邻近重采样	最鄰近重採樣	nearest neighbor resampling
最少存取时间(=最少访问时间)		
最少访问时间,最少存取时间	最短存取時間	minimum access time
最小成本路径	最少成本路徑	least-cost path
最小地图单元	最小地圖單元	minimum map unit
最小二乘法纠正	最小二乘法糾正	least squares corrections
最小二乘法调整	最小自乘平差法	least squares adjustment
最小外包矩形	最小外包矩形	minimum bounding rectangle
最小外接四边形	最小外接四邊形	enclosing rectangle
最小制图单元	最小製圖單元	minimum mapping unit
最小/最大比例尺	最小/最大比例尺	min/max scale
最终偏移量	最終偏移量	end offset
最终用户	最終用戶	end user
左右拓扑	左右位相	left-right topology
坐标	坐標	coordinate
坐标变换	坐標轉換	coordinate conversion
坐标参照系	坐標參考系統	coordinate reference system, CRS
坐标点	坐標點	coordinate point
坐标几何	坐標幾何學	coordinate geometry, COGO
坐标网纵线	網格經線	grid meridian
坐标系	坐標系統	coordinate system
坐标转换	坐標轉換	coordinate transformation
座位	座位	seat

副　篇

A

英　文　名	大　陆　名	台　湾　名
absolute altitude	绝对高程	絕對高程
absolute coordinate	绝对坐标	絕對坐標
absolute position	绝对位置	絕對位置
absolute positioning	绝对定位	絕對定位
absorption	吸收	吸收
abstract data type（ADT）	抽象数据类型	抽象資料型態
abstraction	抽象	抽象化
abstraction level	抽象程度	抽象程度
abstract test case	抽象测试项	抽象測試案例
abstract test method	抽象测试方法	抽象測試方法
abstract test module	抽象测试模块	抽象測試模型
abstract test suite	抽象测试套件	抽象測試組
abstract universe	抽象世界	抽象世界
acceptance test	容错测试	驗收測試
access	存取,访问	進入,存取
access control	存取控制	存取控制
access directory	存取目录	存取目錄
access group	存取分组	存取群組
accessibility	可访问性,可存取性	易達性,可存取性
access level	存取级,访问级	存取等級
access linking mechanism	存取链接方式	存取鏈接方式
access method	存取方法	存取方法
access path	存取路径	存取路徑
access right	存取权限	存取權限
access security	存取安全性	存取安全性
access technology	存取技术	存取技術
access time	存取时间	存取時間
access type	存取类型	存取類型

英　文　名	大　陆　名	台　湾　名
account	账号	賬號
account name	账号名	賬號名
accuracy	准确度	準確度
accuracy assessment	准确度评价	準確度評估
ACSM（=American Congress on Surveying and Mapping）	美国测量与制图委员会	美國測量及製圖委員會
active database	主动数据库	主動式資料庫
active location system	主动定位系统	主動定位系統
active positioning system（=active location system）	主动定位系统	主動定位系統
active sensor	主动传感器	主動感測器
active tracking system	主动跟踪系统	主動式追蹤系統
ADA（=automatic data acquisition）	自动数据获取	自動資料獲取
A/D conversion（=analog/digital conversion）	模数转换	類比-數位轉換
additive primary colors	加色法三原色	加色法三原色
address	地址	位址
address access type	地址存取类型	位址存取類型
address bus	地址总线	位址匯流排
address coding	地址编码	位址編碼
address geocoding	地址地理编码	位址地理編碼
addressing（=find address）	寻址	尋址
address matching	地址匹配	位址對位
address range	地址范围	位址範圍
adjacency	邻接	相鄰
adjacency analysis	邻接分析	相鄰性分析
adjacency effect	邻接效应	鄰接效應
adjacent areas	邻接区域	鄰接區域
adjoining sheets	邻接图幅	鄰接圖幅
ADS（=automated digitizing system）	自动数字化系统	自動數化系統
ADT（=abstract data type）	抽象数据类型	抽象資料型態
advanced very high resolution radiometer（AVHRR）	改进型甚高分辨率辐射计	先進高解析率輻射計
aerial photograph（=airphoto）	航空像片	航空像片
aerial photograph interpretation	航片判读	航照判讀
aerial triangulation	空中三角测量	空中三角測量
affined transformation	仿射变换	仿射轉換
agent	代理	代理人程式

英　文　名	大　陆　名	台　湾　名
aggregation	聚集	聚合
aggregation domain	聚合域	聚合域
AI（=artificial intelligence）	人工智能	人工智慧
airphoto	航空像片	航空像片
Albers projection	阿伯斯投影	亞爾勃斯投影
algebraic model	代数模型	代數模型
algorithm	算法	演算法
aliasing	混淆现象	別像
allocation	配置	分派
along-track scanning	纵向扫描	順沿路徑掃描
alphanumeric	字符数字	文數字
alphanumeric symbol	字符数字符号	文數字符號
alternative data	替代数据	可替換性資料
altitude	高度	高度
altitude matrix	高度矩阵	高度矩陣
altitude tinting	分层设色	分層設色
American Congress on Surveying and Mapping（ACSM）	美国测量与制图委员会	美國測量及製圖委員會
American National Standards Institute（ANSI）	美国国家标准研究所	美國國家標準研究院
American Society for Photogrammetry and Remote Sensing（ASPRS）	美国摄影测量与遥感学会	美國航測遙測學會
American Standard Code for Information Interchange（ASCII）	美国信息交换标准码	美國標準資訊交換碼
AM/FM（=automated mapping/facilities management system）	自动制图/设施管理系统	自動製圖-設施管理系統
AM/FM/GIS International of Europe	欧洲国际自动制图/设施管理/地理信息系统协会	歐洲國際自動製圖/設施管理/地理資訊系統協會
AML（=ARC macro language）	ARC 宏语言	ARC 巨集語言
anaglyph	互补色	互補色
anaglyph map	互补色立体图	互補色立體像片
analog/digital conversion	模数转换	類比-數位轉換
analog/digital device	模数转换装置	類比-數位轉換裝置
analog map	模拟地图	類比地圖
analytical plotter	解析测图仪	解析繪圖儀
analytical triangulation	解析三角测量	解析三角測量
ancillary data	辅助数据	輔助資料

英 文 名	大 陆 名	台 湾 名
animated mapping	动画制图	動畫地圖製作
animation	动画	動畫
anisotropic	各向异性	非等向性
annotated orthophoto	注释正射像片	註記正射像片
annotated photograph	调绘像片	註記像片
annotation	注记	註記
annular region	环形区域	環形區域
ANSI（＝American National Standards In-stitute）	美国国家标准研究所	美國國家標準研究院
anti-spoofing（AS）	反电子欺骗技术	反電子欺騙技術
ANZLIC（＝Australian New Zealand Land Information Council）	澳大利亚–新西兰土地信息理事会	澳洲–紐西蘭土地資訊委員會
API（＝application programming inter-face）	应用程序接口	應用程式介面
applet	小应用程序	小程式
application assembly	应用程序集	應用集合
application developer	应用程序开发人员	程式開發人員
application domain model	应用领域模型	應用領域模型
application integration	应用集成	應用整合
application model	应用模型	應用模型
application package	应用软件包	應用套裝軟體
application platform	应用平台	應用程式平台
application portability	应用程序可移植性	應用程式轉移
application program	应用程序	應用程式
application programming interface（API）	应用程序接口	應用程式介面
application schema	应用模式	應用程式概念
application server provider（ASP）	应用服务商	應用伺服器業者
application service	应用服务	應用程式服務
application shortcut key	应用程序快捷键	應用程式快捷鍵
application software	应用软件	應用軟體
application system	应用系统	應用系統
approximate interpolation	近似插值	近似內插法
arbitrary projection（＝compromise pro-jection）	任意投影	折衷投影
arc	弧段	弧線
architectural framework	体系框架	組織架構
archival storage	归档储存	歸檔儲存
archive	档案	歷史檔案

英　文　名	大　陆　名	台　湾　名
archiving	存档	歸檔
ARC macro language（AML）	ARC 宏语言	ARC 巨集語言
arc-node data model	弧–结点数据模型	弧點資料模式
arc-node structure	弧–结点结构	弧–節點結構
arc-node topology	弧–结点拓扑关系	弧線節點位相關係
area	①面 ②面积	①面 ②面積
area buffer	面缓冲区	面環域
area data	面状数据	面資料
area generalization	①面状要素综合 ②区域要素综合	①面概括化 ②區域概括化
area of interest	关注区	選取區
area patch generalization	图斑综合	區域拼湊概括化
area symbol	面状符号	面狀符號
area target	面状目标	面狀目標
array	数组	陣列
array processor	阵列处理器	陣列處理器
artificial intelligence（AI）	人工智能	人工智慧
artificial neural network	人工神经网络	人工類神經網路
AS（=anti-spoofing）	反电子欺骗技术	反電子欺騙技術
ASCII（=American Standard Code for Information Interchange）	美国信息交换标准码	美國標準資訊交換碼
ASP（=application server provider）	应用服务商	應用伺服器業者
aspatial data（=non-spatial data）	非空间数据	非空間資料
aspect	坡向	坡向
aspect analysis	坡向分析	坡向分析
aspect map	坡向图	坡向圖
ASPRS（=American Society for Photogrammetry and Remote Sensing）	美国摄影测量与遥感学会	美國航測遙測學會
assembly language	汇编语言	組合語言
associated data	关联数据	關聯資料
asynchronism	异步	非同步
asynchronous communication	异步通信	非同步通訊
asynchronous request	异步请求	非同步請求
asynchronous transfer	异步转换	非同步轉換
atemporal data	非时间性数据	非時間性資料
atemporal database	非时间性数据库	非時間性資料庫
ATKIS（=Authoritative Topographic Cartographic Information System）	[德国]官方地形制图信息系统	官方地形製圖資訊系統

英　文　名	大　陆　名	台　湾　名
atmospheric absorption	大气吸收	大氣吸收
atmospheric correction	大气校正	大氣效應校正
atmospheric path length	大气路径长度	大氣路徑長度
atmospheric path radiance	大气路径辐射	大氣路徑輻射
atmospheric window	大气窗口	大氣窗
atomic value	原子值	原子值
ATS（＝automatic test system）	自动测试系统	自動測試系統
attenuation	衰减	減弱作用
attitude	姿态	姿態
attraction	吸引力	吸引力
attribute	属性	屬性
attribute accuracy	属性准确度,属性精度	屬性準確度
attribute aggregation	属性聚集	屬性聚集
attribute class（＝attribute type）	属性类型	屬性類型
attribute classification	属性分类	屬性分類
attribute code	属性代码	屬性代碼
attribute coding schema	属性编码模式	屬性編碼模式
attribute data	属性数据	屬性資料
attribute data file	属性数据文件	屬性資料檔
attribute definition	属性定义	屬性定義
attribute disaggregating	属性分解	屬性分解
attribute domain	属性域	屬性域
attribute error	属性错误	屬性錯誤
attribute file	属性文件	屬性檔
attribute linkage	属性连接	屬性連接
attribute manipulation	属性操作	屬性操作
attribute matching	属性匹配	屬性匹配
attribute processing	属性处理	屬性處理
attribute query（＝attribute search）	属性查询	屬性搜尋
attribute reclassification	属性再分类	屬性再分類
attribute sampling	属性抽样,属性采样	屬性取樣
attribute search	属性查询	屬性搜尋
attribute set	属性集	屬性集
attribute summary statistics	属性累计统计	屬性概括統計
attribute table	属性表	屬性資料表
attribute tag	属性标记	屬性標記
attribute tagging	加属性标记	屬性標示
attribute type	属性类型	屬性類型

英　文　名	大　陆　名	台　湾　名
attribute value	属性值	屬性值
Australian New Zealand Land Information Council（ANZLIC）	澳大利亚-新西兰土地信息理事会	澳洲-紐西蘭土地資訊委員會
Authoritative Topographic-Cartographic Information System（ATKIS）	[德国]官方地形制图信息系统	官方地形製圖資訊系統
autocorrelation	自相关	相關性
automated cartographic system	自动地图制图系统	自動製圖系統
automated cartography	自动地图制图	自動化製圖
automated data processing	自动数据处理	自動資料處理
automated digitizing	自动数字化	自動數位化
automated digitizing system（ADS）	自动数字化系统	自動數化系統
automated drafting system	自动绘图系统	自動繪圖系統
automated feature recognition	自动要素识别	自動化特徵辨識
automated indexing technique	自动索引技术	自動索引技術
automated inspection	自动检查	自動檢查
automated mapping/facilities management system（AM/FM）	自动制图/设施管理系统	自動製圖-設施管理系統
automated name placement	自动地名配置	自動名稱配置
automated vectorization	自动矢量化	自動向量化
automatic data acquisition（ADA）	自动数据获取	自動資料獲取
automatic test system（ATS）	自动测试系统	自動測試系統
AVHRR（=advanced very high resolution radiometer）	改进型甚高分辨率辐射计	先進高解析率輻射計
azimuth	方位角	方位角
azimuthal equal-area projection	方位等积方位投影	方位等積方位投影
azimuthal equidistant projection	等距方位离投影	等距方位離投影
azimuthal projection	方位投影	方位投影
azimuth coordinate	方位坐标	方位坐標

B

英　文　名	大　陆　名	台　湾　名
background	背景	背景
background image	背景图像	背景影像
backscatter	后向散射	後向散射
backup	备份	備份
Backus-Naur Form	B-N 格式	B-N 格式
band	波段	波段

英　文　名	大　陆　名	台　湾　名
band interleaving format	波段交错格式	波段交錯格式
band pass filter	带通滤波器	帶通濾波器
band ratio	波段比	波段比率
band sequential format	波段顺序格式	波段循序格式
bandwidth	带宽	頻寬
base document	基本文件	基本文件
base height	基线高度	基準高程
base height ratio	基线航高比	航高基線比
base layer	基础图层	基礎圖層
baseline	基线	基線
base map	基础地图,底图	基本圖
base standard	基础标准	基本標準
base station	基站	基站
basic spatial unit (BSU)	基本空间单元	基本空間單元
basic test	基本测试	基本測試
batch file	批处理文件	批次檔
batch mode	批处理模式	批次式
batch process	批处理	批次處理
batch queue	批处理队列	批次暫存區
bathymetric map	海底地形图	海底地形圖
bathymetry	海洋测深学	海洋測深學
baud rate	波特率	鮑率
Bayesian statistics	贝叶斯统计	貝氏統計
Bayes' theorem	贝叶斯定理	貝氏理論
BE (=broadcast ephemeris)	广播星历	廣播星曆
bearing	方位	方向角
Beijing Geodetic Coordinate System 1954	1954 年北京坐标系	1954 年北京坐標系
benchmark	①水准点 ②基准	①水準點 ②基準面
benchmark testing	标竿测试	標竿測試
best linear unbiased estimate (BLUE)	最佳线性无偏估计	最佳不偏線性推估
bilinear interpolation	双线性内插	雙線性內插
binary	二进制	二進位
binary large object	二进制大型目标	二進位大型物件
binary synchronous control	二元同步控制	二元同步控制
binding	绑定	綁定
bit	比特	位元
bit depth	位深	位元數
bit map	位图	點陣圖

英　文　名	大　陆　名	台　湾　名
bitmask	位屏蔽	位元遮罩
bit pattern	位模式	位元型態
bits-per-second	位每秒	每秒位元數
block	①街区 ②数据块	①街區, 區塊 ②資料區塊
block attribute	街区属性	街區屬性
block code	块码	數塊碼
block correction	分块改正	區塊改正
blocked record	分块记录	區塊記錄
block number	街区编号	街區編號
block numbering area	街区编号区	街區編號區
block point	街区标示点	街區標示點
BLUE (=best linear unbiased estimate)	最佳线性无偏估计	最佳不偏線性推估
Boolean expression	布尔表达式	布林運算式
Boolean operators	布尔运算符	布林運算子
border	边缘, 界线	邊緣, 邊界
border arc	边缘弧	邊界弧
border box	边框	邊框
border information	图廓注记	圖廓註記
border line	图廓线	圖廓線
border matching (=edge matching)	接边, 边缘匹配	接邊, 邊緣匹配
boundary	境界, 边界	境界, 邊界
boundary monument	界碑	界碑
boundary survey	边界测量	邊界測量
bounding rectangle	外接矩形	外接矩形
Bps (=bits-per-second)	位每秒	每秒位元數
break	①断点 ②中断	①斷點 ②中斷
breakline	转折线, 断线	斷線
brightness	亮度	亮度
broad band network	宽带网	寬頻網路
broadcast ephemeris (BE)	广播星历	廣播星曆
broker	代理商	捐客
browser	浏览器	瀏覽器
browser/server (B/S)	浏览器/服务器	瀏覽器/伺服器
B/S (=browser/server)	浏览器/服务器	瀏覽器/伺服器
B-spline	B 样条曲线	B 雲曲線
BSU (=basic spatial unit)	基本空间单元	基本空間單元
B-tree	二叉树	二元樹

英 文 名	大 陆 名	台 湾 名
buffer	缓冲区	環域,環域區
buffer analysis	缓冲区分析	環域分析
buffer zone（＝buffer）	缓冲区	環域,環域區
bug	程序缺陷	錯誤
bulk update	批量更新	大量更新
bus	总线	彙流排
byte	字节	位元組

C

英 文 名	大 陆 名	台 湾 名
cache	缓存	快取區
C/A code（＝coarse acquisition code）	粗码	原始取得碼
cadastral attribute	地籍属性	地籍屬性
cadastral database	地籍数据库	地籍資料庫
cadastral feature	地籍要素	地籍圖徵
cadastral information	地籍信息	地籍資訊
cadastral information system	地籍信息系统	地籍資訊系統
cadastral inventory	地籍清单	地籍清單
cadastral layer	地籍数据层	地籍圖層
cadastral lists	地籍名册	地籍清冊
cadastral management	地籍管理	地籍管理
cadastral map	地籍图	地籍圖
cadastral mapping	地籍制图	地籍製圖
cadastral map series	地籍图序列	地籍圖序列
cadastral overlay	地籍图叠加	地籍圖套疊
cadastral parcel（＝parcel）	宗地	宗地
cadastral plan	宗地图	宗地圖
cadastral survey	地籍调查	地籍測量
cadastre	地籍	地籍
CAD（＝computer aided design）	计算机辅助设计	電腦輔助設計
CAE（＝computer aided engineering）	计算机辅助工程	電腦輔助工程
calibration	校准,标定	率定
CAM（computer aided mapping）	计算机辅助地图制图	電腦輔助製圖
Canada Geographic Information System（CGIS）	加拿大地理信息系统	加拿大地理資訊系統
candidate key	备选键	後補鍵
capability test	性能测试	性能測試

英　文　名	大　陆　名	台　湾　名
capture	采集,获取	採集,獲取
cardinal	基本方位	基本方位
cardinality	基数	基數
cardinal point	基本方位点	基本方位點
carrier	载波	載波
carrier-aided tracking	载波辅助跟踪	載波輔助跟蹤
carrier frequency	载波频率	載波頻率
carrier phase GPS	载波相位 GPS	載波相位 GPS
carrier phase measurement	载波相位观测值	載波相位觀測值
carrier route	载波通道	載波通道
carrying contour	合并等高线	等高綫合併
cart diagram method	柱状图[表]法	柱狀圖方法
Cartesian coordinate	笛卡儿坐标系	笛卡爾坐標系統
Cartesian product	笛卡儿积	笛卡爾積
cartogram	统计图	統計圖
cartographer	制图员	製圖員
cartographic analysis	地图分析	地圖分析
cartographic communication	地图信息传输	地圖訊息傳輸
cartographic data	地图数据	地圖資料
cartographic database (=map database)	地图数据库	地圖資料庫
cartographic database management system	地图数据库管理系统	地形圖資料庫管理系統
cartographic data concept	地图数据概念	地圖資料概念
cartographic data format standard	地图数据格式标准	地形圖資料格式標準
cartographic data model	地图数据模型	地形圖資料模型
cartographic editing software	地图编辑软件	地圖編輯軟體
cartographic expert system	制图专家系统	地形圖專家系統
cartographic generalization	制图综合,制图概括	地圖概括化
cartographic information	地图信息	地形圖資訊
cartographic information system	地图信息系统	地形圖資訊系統
cartographic language	制图语言	地形圖語言
cartographic modeling	制图建模	地圖模式
cartographic semantics	地图语义	地形圖語義
cartographic seminology	制图符号学	地形圖符號學
cartographic simplification	制图简化	地圖簡化
cartographic symbol	制图符号	地形圖符號
cartography	①地图学 ②制图学	①地圖學 ②製圖學
cartouche	图廓花边	圖廓花邊
CASE (=computer aided software engi-	计算机辅助软件工程	電腦輔助軟體工程

英　文　名	大　陆　名	台　湾　名
neering）		
catalog	目录	目錄
catalog service	目录服务	目錄服務
catalog tree	目录树	目錄樹
category	类,类别	類別
CCD（＝charge coupled device）	电荷耦合器件	電荷耦合裝置
CCT（＝computer compatible tape）	计算机兼容磁带	電腦相容磁帶
CE（＝customer engineer）	客户工程师	客戶工程師
celestial sphere	天球	天球
cell	①格网单元 ②像元,像素	①網格單元 ②像元,像素
cell code	像元码	網格碼
cell map	像元图	像元圖
cell resolution	像元分辨率	像元解析度
cell selection	像元选择	像元選擇
cell size	①格网单元尺寸 ②像元尺寸	①網格單元尺寸 ②像元尺寸
cell statistics	像元统计	像元統計
cell structure	像元结构	像元結構
cellular automata	单元自动演化[算法],元胞自动机	細胞自動機
census block	人口普查单元	人口普查區塊
census geography	人口普查地理	人口普查地理
census tract	人口普查地区	人口普查小區
center line	中心线	中心線
centerline vectorization	中心线矢量化	中心線向量化
center point	中心点	中心點
central meridian	中央子午线	中央子午線
central perspective	中心透视	中心透視
central processing unit（CPU）	中央处理器	中央處理器
centroid	形心	形心
CGI（＝common gateway interface）	通用网关接口,公共网关接口	通用閘道介面
CGIS（＝Canada Geographic Information System）	加拿大地理信息系统	加拿大地理資訊系統
CGI script（＝common gateway interface script）	通用网关接口程序	CGI 指令碼
CGM（＝computer graphic metafile）	计算机图形元文件	CGM 檔

英　文　名	大　陆　名	台　湾　名
chain	链	鏈
chain code	链码	鏈碼
chain node graph	链结点图	鏈結點圖
change detection	变化检测	變遷偵測
channel	通道	波段
character	字符	字元
characteristic curve	特征曲线	特徵曲線
characteristic distortion	特征畸变	特徵畸變
characteristic frequency	特征频率	特徵頻率
character set	字符集	字元集
character string（＝string）	字符串	線段串,字元串
charge coupled device（CCD）	电荷耦合器件	電荷耦合裝置
chart	①海图 ②图表	①航行圖 ②圖表
check-in	登记	登記
checkout	检验	檢驗
checkout geodatabase	空间数据库检验	空間資料庫檢驗
checkout version	版本检验	版本檢驗
check plot	校核图	檢核繪圖
chi-squared statistic	卡方检验统计	卡方統計
chorisogram method	分区统计图表法	分區統計圖法
chorochromatic map	分层设色图	分層設色圖
chorogram	分区统计图	分區統計圖
chorographic map	地区一览图	地區一覽圖
choropleth	等值区域	等值區域
choroplethic mapping	等值区域制图	等值區製圖
choropleth map	等值区域图	等值區域圖
chroma	色度	色度
chromometer	比色计	比色計
CICS（＝customer information control system）	客户信息控制系统	客戶資訊控制系統
CIMS（＝computer integrated manufacture system）	计算机集成制造系统	電腦整合製造系統
circle	圆	圓
circular arc	圆弧	圓弧
CITE（＝computer integrated test equipment）	计算机综合测试设备	電腦綜合測試設備
civilian code	民用代码	民用代碼
class（＝category）	类,类别	類別

英 文 名	大 陆 名	台 湾 名
class identifier	类别标识符	類別標識符
classification	分类	分類
classification accuracy	分类准确度	分類準確性
classification code	分类码	分類碼
classification map	分类图	分類圖
classification rule	分类规则	分類規則
classification schema	分类模式	分類模式
classification table	分类表	分類表
classified image	分类影像	分類影像
class interval	分级间距,分类间距	分級間距,分類間距
class list	分类清单	分類清單
clean data	数据整理	資料整理
cleaning	清理	整理
clearinghouse	数据交换网站	情報交換所
clearinghouse gateway	数据交换网关	訊息交換閘門
clearinghouse node	数据交换节点	訊息交換節點
client	客户	客戶
client sample	客户样本	客戶樣本
client/server（C/S）	客户/服务器	客戶端/伺服器端
client/server architecture	客户/服务器架构	客戶端/伺服器端架構
client-side address locator	客户端位置定位	客戶端位置定位
clinometric map	坡度图	坡度圖
clip	①裁剪 ②剪切	①裁取 ②裁切
clipping window	剪切窗口	裁取視窗
closure error	闭合差	閉合差
CLR（=common language runtime）	公共语言运行环境	CLR 執行環境
cluster	聚类	聚類
cluster analysis	聚类分析	群落分析
cluster coding	聚类编码	叢集編碼
cluster column	聚类列	聚類列
cluster compression	聚类压缩	叢集壓縮
cluster computer	集群计算机	叢集電腦
cluster control unit	集群控制器	叢集控制單元
cluster index	聚类指数	聚類索引
clustering（=cluster）	聚类	聚類
cluster labeling	聚类标识	聚類標示
cluster map	聚类图	聚類圖
cluster tolerance	聚类容限	聚類容限

英　文　名	大　陆　名	台　湾　名
cluster zoning	聚类分区	聚類分區
CMYK（=cyan magenta yellow black）	四分色	四分色
coarse acquisition code	粗码	原始取得碼
coclass	组件对象类	組件對象類
code	代码	代碼
coded value domain	编码值域	編碼值域
code phase GPS	GPS 相位码	GPS 相位碼
coding	编码	編碼
COGO（=coordinate geometry）	坐标几何	坐標幾何學
coincident	一致	一致
coincident geometry	统一几何空间	統一幾何空間
co-Kriging	协同克里金法	聯合克利金法
color	色彩	色彩
color composition	彩色合成	色彩合成
color map	彩色图	彩色圖
color model	色彩模型	色彩模型
color ramp	颜色梯度,色阶	顏色梯度,色階
color table	色度表	色彩表
column	列	行
combinatorial operator	组合算子	組合運算子
combo box	组合框	Combo 選單
COM（=①common object model ②com- ponent object model）	①通用对象模型 ②组 件对象模型	①COM 模型 ②組件對 象模型
COM-compliant language	组件对象模型兼容语言	COM 相容語言
COM interface	组件对象模型接口	COM 介面
command	命令,指令	指令
command bar	命令条	指令列
command line	命令行	指令行
command line interface	命令行界面	指令行介面
command line window	命令行窗口	指令行視窗
command procedure	命令程序,指令程序	指令程序
command prompt window	命令提示窗口	指令提示視窗
comment	注释	註釋
commission error	多余性误差	多餘性誤差
common data architecture	通用数据结构	通用資料結構
common gateway interface（CGI）	通用网关接口,公共网 关接口	通用閘道介面
common gateway interface script	通用网关接口程序	CGI 指令碼

英　文　名	大　陆　名	台　湾　名
common language runtime（CLR）	公共语言运行环境	CLR 執行環境
common object model（COM）	通用对象模型	COM 模型
common object request broker architecture（CORBA）	公用对象请求代理程序体系结构	CORBA 架構
communication	通信	通信,通訊
communication service interface（CSI）	通信服务接口	通信服務介面
compact disc	压缩磁盘	光碟
compaction	压缩	壓縮
compass	罗盘[仪]	羅盤
compile	编译	編譯
compiler	编译器	編譯器
compiler language	编译语言	編譯器語言
complementary color（＝anaglyph）	互补色	互補色
completeness	完整性	完整性
complex dynamic event	复合动态事件	複合動態事件
complex edge feature	复合线型要素	複合線性圖徵
complex feature	复合要素	複合圖徵
complex junction feature	复合连接要素	複合接點圖徵
complex object	复杂目标,复杂对象	複合物件
complex polygon	复杂多边形	複合多邊形
complex surface	复杂表面	複合表面
component	组件	元件
component category	组件目录	元件目錄
component category manager	组件目录管理员	元件目錄管理員
component GIS	组件式地理信息系统	組件式地理資訊系統
component object model（COM）	组件对象模型	組件對象模型
componentware	组件软件	元件軟體
composite feature	组合要素	組合圖徵
composite index	复合索引	複合索引
composite indicator	复合指标	複合指標
composite loopback	复合循环	複合循環
composite map	复合图	複合地圖
composite mapping	综合制图	複合製圖
composite relationship	组合关系	組合關係
composite weight	综合权重	綜合權重
composition	组成	組成
compound element	复合元素	複合元素
compression（＝compaction）	压缩	壓縮

英 文 名	大 陆 名	台 湾 名
compromise projection	任意投影	折衷投影
computational viewpoint	计算视点	計算機觀點
computation network	计算网络	計算網路
computation state	计算状态	計算狀態
computation tool	计算工具	計算工具
computer aided design（CAD）	计算机辅助设计	電腦輔助設計
computer aided engineering（CAE）	计算机辅助工程	電腦輔助工程
computer aided mapping（CAM）	计算机辅助地图制图	電腦輔助製圖
computer aided software engineering （CASE）	计算机辅助软件工程	電腦輔助軟體工程
computer-assisted assessment	计算机辅助评价	電腦輔助評估
computer-assisted cartography（＝com-puter aided mapping）	计算机辅助地图制图	電腦輔助製圖
computer-assisted retrieval	计算机辅助检索	電腦輔助檢索
computer compatible tape（CCT）	计算机兼容磁带	電腦相容磁帶
computer graphic metafile（CGM）	计算机图形元文件	CGM 檔
computer graphics	计算机图形学	電腦圖學
computer graphics technology	计算机图形技术	電腦繪圖科技
computer integrated manufacture system （CIMS）	计算机集成制造系统	電腦整合製造系統
computer integrated test equipment （CITE）	计算机综合测试设备	電腦綜合測試設備
computer mapping	计算机地图制图	電腦製圖
computer network	计算机网络	電腦網路
concatenated key	连接键	連結鍵
concatenate events	连接事件	連接事件
concave polygon	凹多边形	凹多邊形
conceptual model	概念模型	概念模型
conceptual schema	概念模式	概念綱目
conceptual schema language	概念模式语言	概念綱目語言
concurrency management	并行管理	平行管理
concurrent use	并行应用	平行應用
conditional expression	条件表达式	條件表達式
conditional operator	条件算子	條件運算子
conditional pattern	条件模式	條件型態
conditional statement	条件声明	條件聲明
condition table	条件表	條件表
confidence level（＝level of confidence）	置信水平	置信水平

英　文　名	大　陆　名	台　湾　名
configuration file	配置文件	配置文件
configuration keyword	配置关键字	配置關鍵字
conflation	合并	合併
conflict	冲突	衝突
conflict resolution	冲突解决方案	衝突解決方案
conformal projection	正形投影,等角投影	正形投影
conformance	一致性	一致性
conformance assessment	一致性评价	一致性評估
conformance clause	一致性条款	一致性條款
conformance quality level	一致性质量等级	一致性品質水準
conformance testing	一致性测试	一致性測試
conformance test report	一致性测试报告	一致性測試報告
conformance test suite	一致性测试套件	符合測試與指導套件
conforming implementation	一致性实现	一致性實作
confusion matrix	混淆矩阵	誤差矩陣
conical projection	圆锥投影	圓錐投影
conjoint boundary	共同边界	相連界線
connected node	连接结点	連接節點
connection	连接	連接
connectivity	连通性	連結性
connectivity analysis	连通分析	連結性分析
connectivity rule	连通规则	連通規則
connector	连接器,连接件	連接器,連接件
consistency（＝conformance）	一致性	一致性
constrained adjustment	条件平差	條件平差
constraint（＝restriction）	约束	約束,限制
container	容器	裝具
container process	容器处理	容器處理
containment	容量	包含
content standard for digital geospatial me-tadata	数字地理空间元数据内容标准	數位地理空間詮釋資料內容標準
conterminous	相接的	相接的
contiguity	邻近	相鄰性
contiguity analysis（＝proximity analysis）	邻近分析	鄰近分析
continuous data	连续数据	連續性資料
continuous feature	连续要素	連續圖徵
continuous raster	连续栅格	連續網格
continuous tone image	连续色调影像	連續色調影像

英　文　名	大　陆　名	台　湾　名
contour	等高线	等高線
contour display	等值线显示	等值線顯示
contouring	等值线生成	等值線繪製
contouring display	分层显示	等高線顯示
contour interval	等高距	等高線間距
contour line（=contour）	等高线	等高線
contour tagging	①等高线标注 ②等值线标注	①等高線標示 ②等值線標示
contraction（=compaction）	压缩	壓縮
contrast	对比,反差	對比,反差
contrast enhancement	反差增强	對比增強
contrast ratio	对比度	反差比率
contrast stretching	反差扩展,对比拉伸	反差擴展
control	控制	控制
control character	控制[字]符	控制字元
control point	控制点	控制點
convergence angle	收敛角	收斂角
conversational mode	变换模式	對話模式
conversion	变换	轉換
convex hull	凸包,凸壳	凸殼
convex polygon	凸多边形	凸多邊形
coordinate	坐标	坐標
coordinate conversion	坐标变换	坐標轉換
coordinate geometry（COGO）	坐标几何	坐標幾何學
coordinate point	坐标点	坐標點
coordinate reference system（CRS）	坐标参照系	坐標參考系統
coordinate system	坐标系	坐標系統
coordinate transformation	坐标转换	坐標轉換
coordinate universal time（CUT）	协调世界时	協調世界時
CORBA（=common object request broker architecture）	公用对象请求代理程序体系结构	CORBA 架構
correctness	正确性	正確性
correlation	相关,相关性	相關性
corridor	廊道	走廊地帶
corridor analysis	廊道分析	廊道分析
cost-benefit analysis	成本-效益分析	成效分析
cost-distance analysis	距离成本分析	距離成本分析
covariance	协方差	共變數

英　文　名	大　陆　名	台　湾　名
coverage	图层,[数据]覆盖区	圖層,資料覆蓋區
coverage element	图层元素	圖層元素
coverage extent	图层范围	圖層範圍
coverage feature class	图层要素类	圖層元素類別
coverage units	图层单元	圖層單位
coverage update	图层更新	圖層更新
CPU（＝central processing unit）	中央处理器	中央處理器
creation date	生成日期	生成日期
creation time	生成时间	生成時間
criterion	准则	基準
criterion function	准则函数,判别函数	基準函數
critical angle	临界角	臨界角
critical point	临界点	臨界點
critical value	临界值	臨界值
cross-correlation	互相关	互相關係
cross-reference database	交互数据库	交戶關聯資料庫
cross section（＝transection）	横断面,横截面	橫斷面
cross tabulation	交叉表格	交叉表格
cross-tile indexing	跨片索引	跨片索引
CRS（＝coordinate reference system）	坐标参照系	坐標參考系統
C/S（＝client/server）	客户/服务器	客戶端/伺服器端
CSI（＝communication service interface）	通信服务接口	通信服務介面
cubic convolution	立方卷积	立方卷積
cull（＝capture）	采集,获取	採集,獲取
cultural features	人文要素	人文圖徵
cultural geography	人文地理	文化地理
currency	现势性	即時性
current coordinate	当前坐标	當前坐標
current task	当前任务	當前任務
current workspace	当前工作区	當前工作區
cursor	光标,游标,标示器	遊標
curve	曲线	曲線
curve fitting	曲线拟合	曲線貼合
custom	定制,自定义	用戶
custom behavior	定制方法	用戶方法
customer engineer（CE）	客户工程师	客戶工程師
customer information control system（CICS）	客户信息控制系统	客戶資訊控制系統

英 文 名	大 陆 名	台 湾 名
customer market analysis	客户市场分析	客戶市場分析
customer profiling	客户概况	客戶概況
customer prospecting	客户详情	客戶詳情
customer software	用户软件	用戶端軟體
custom feature	自定义要素	用戶要素
customization	用户化	用戶化
custom object	自定义对象	用戶對象
custom tool	定制工具	用戶工具
custom toolset	定制工具集	用戶工具集
CUT （=coordinate universal time）	协调世界时	協調世界時
cyan magenta yellow black （CMYK）	四分色	四分色
cyberspace	虚拟空间	虛擬空間
cycle	循环	迴圈
cycle process	循环处理	迴圈處理
cylindrical projection	圆柱投影	圓柱投影

D

英 文 名	大 陆 名	台 湾 名
D/A （=digital-to-analog conversion）	数模转换	數位轉換,類比轉換
DAA （=data access arrangement）	数据存取装置	資料存取裝置
DAC （=digital-to-analog converter）	数模转换器	數位轉換器,類比轉換器
DADS （=①data acquisition device system ②data archive and distribution system）	①数据获取设备系统 ②数据存档及分发系统	①資料收集設備系統 ②資料存檔及分佈系統
daemon	用于收发邮件的后台程序	用於收發郵件的後台程序
dangle	悬挂	懸突
dangle node	悬挂结点	懸突節點
dangle tolerance	悬挂容差	懸突容差
dangling arc	悬挂弧段	懸突弧段
dashed line	虚线	虛線
dasymetric map	分区密度地图	分區密度地圖
data	数据	資料
data access arrangement （DAA）	数据存取装置	資料存取裝置
data access control	数据访问控制,数据存取控制	資料存取控制

英　文　名	大　陆　名	台　湾　名
data accessibility	数据可访问性,数据可存取性	資料可存取性
data access security	数据存取安全性	資料存取安全性
data accuracy	数据准确度	資料正確性
data acquisition（＝data capture）	数据获取,数据采集,数据收集	資料獲取,資料收集
data acquisition device system（DADS）	数据获取设备系统	資料收集設備系統
data acquisition equipment（＝digital capture device）	数据采集设备	數值轉換器
data acquisition system	数据采集系统	資料收集系統
data administrator	数据管理员	資料管理員
data aggregation	数据聚合	資料集成
data analysis	数据分析	資料分析
data analysis routine	数据分析程序	資料分析程序
data architecture	数据体系结构	資料體系結構
data archive	数据档案	資料檔
data archive and distribution system（DADS）	数据存档及分发系统	資料存檔及分佈系統
data area	数据区	資料區
data attribute	数据属性	資料屬性
data bank（＝database）	数据库	資料庫
database	数据库	資料庫
database administration（＝database management）	数据库管理	資料庫管理
database administrator（＝database base manager）	数据库管理员	資料庫管理員
database architecture	①数据库结构 ②数据库体系结构	①資料庫結構 ②資料庫架構
database browse	数据库浏览	資料庫瀏覽
database connection	数据库连接,数据库链接	資料庫連接
database creation	数据库创建	資料庫建置
database credibility	①数据库可靠性 ②数据库可信性	①資料庫可靠性 ②資料庫可信性
database description	数据库描述	資料庫描述
database design	数据库设计	資料庫設計
database directory	数据库目录	資料庫目錄
database environment	数据库环境	資料庫環境

英　文　名	大　陆　名	台　湾　名
database file（DBF）	数据库文件	資料庫檔案
database hierarchy	数据库层次结构	資料庫層次結構
database integrator	数据库集成程序	資料庫集成器
database integrity	数据库完整性	資料庫完整性
database key	数据库关键字	資料庫關鍵字
database link（=database connection）	数据库连接,数据库链接	資料庫連接
database lock	数据库锁定	資料庫鎖定
database longevity	数据库寿命	資料庫壽命
database management	数据库管理	資料庫管理
database management software	数据库管理软件	資料庫管理軟體
database management system（DBMS）	数据库管理系统	資料庫管理系統
database manager	数据库管理员	資料庫管理員
database object	数据库对象	資料庫物件
database owner	数据库所有者	資料庫所有者
database parameter manipulation	数据库参数操作	資料庫參數操作
database request module	数据库查询模块	資料庫查詢模組
database schema design	数据库模式设计	資料庫模式設計
database specification	数据库规范	資料庫規格
database support	数据库支持	資料庫支持
data bit	数据位	資料位元
data block	数据块	資料區塊
data broker	数据代理商	資料代理商
data capture	数据获取,数据采集,数据收集	資料獲取,資料收集
data carrier detection	数据载体检测	資料載具檢測
data catalogue	数据目录	資料目錄
data category	数据类别	資料類別
data cell	数据单元	資料單元
data center	数据中心	資料中心
data chamber	数据记录设备	資料記錄設備
data channel	数据通道	資料通道
data classification	数据分类	資料分類
data cleaning	数据清理,数据净化	資料清理
data coding	数据编码	資料編碼
data collection（=data capture）	数据获取,数据采集,数据收集	資料獲取,資料收集
data collection platform（DCP）	数据采集平台	資料收集平臺

英　文　名	大　陆　名	台　湾　名
data collection point	数据采集点	資料收集點
data collection zone	数据采集区	資料收集區
data communication	数据通信	資料通訊
data compatibility	数据兼容性	資料相容性
data completeness	数据完整性	資料完整性
data compression	数据压缩	資料壓縮
data compression factor	数据压缩系数	資料壓縮係數
data compression ratio	数据压缩比	資料壓縮比
data compression routine	数据压缩程序	資料壓縮程式
data control	数据控制	資料控制
data conversion	数据转换	資料轉換
data corruption	数据讹误	資料繆誤
data coverage（=data layer）	数据层	資料層
data currency	数据现势性	資料現勢性
data definition	数据定义	資料定義
data definition language（DDL）	数据定义语言	資料定義語言
data density	数据密度	資料密度
data dependency	数据依赖性	資料相依性
data description record	数据描述记录	資料描述記錄
data descriptive language	数据描述语言	資料描述語言
data dictionary	数据字典	資料典
data directory（=data catalogue）	数据目录	資料目錄
data display	数据显示	資料顯示
data dissemination	数据发布	資料發佈
data distribution	数据分发	資料分發
data editing	数据编辑	資料編輯
data element	数据元素	資料元素
data encoding（=data coding）	数据编码	資料編碼
data encryption standard	数据加密标准	資料加密標準
data entry	数据入口	資料入口
data entry guide	数据输入指南	資料輸入指南
data entry procedure	数据输入程序	資料輸入程序
data entry terminal	数据输入终端	資料輸入終端
data exchange	数据交换	資料交換
data exchange format	数据交换格式	資料交換格式
data extraction	数据提取	資料萃取
data field	数据域,数据字段	資料欄,資料欄位
data file	数据文件	資料檔

英　文　名	大　陆　名	台　湾　名
data file maintenance	数据文件维护	資料檔案養護
data formalism	数据形式化	資料制式化
data format	数据格式	資料格式
data fragmentation	数据分割	資料分割
data frame	数据帧	資料集
data generalization	数据综合	資料概括化
data granularity	数据粒度	資料粒度
data handling	数据处理	資料處理
data independence access model	数据独立存取模型	資料獨立存取模型
data infrastructure	数据基础设施	資料基礎建設
data input	数据输入	資料輸入
data integration	数据集成	資料集成
data integrity（＝data completeness）	数据完整性	資料完整性
data item	数据项	資料項
data language	数据语言	資料語言
data layer	数据层	資料層
data layering	数据分层	資料分層
data level	数据层级	資料層級
data lineage（＝lineage）	数据志	資料處理歷程,資料誌
data link	数据链接	資料連接
data link control	数据链接控制	資料連接控制
data link layer	数据链接层	資料連結層
data management	数据管理	資料管理
data management and retrieval system （DMRS）	数据管理和检索系统	資料管理和檢索系統
data management capability	数据管理能力	資料管理能力
data management structure	数据管理结构	資料管理結構
data management system（DMS）	数据管理系统	資料管理系統
data manipulability	数据可操作性	資料可操作性
data manipulation	数据操作	資料操作
data manipulation language（DML）	数据操作语言	資料操作語言
data marker	数据标记	資料標記
data mask	①数据屏蔽 ②数据掩码	①資料遮罩 ②資料遮罩
data message	数据讯息	資料訊息
data mining	数据挖掘	資料採掘
data model	数据模型	資料模式
data modeling	数据建模	資料模組化
data modification	数据修正,数据更改	資料修正

英　文　名	大　陆　名	台　湾　名
data network	数据网络	資料網路
data network identification code	数据网络标识码	資料網路認證碼
data organization	数据组织	資料組織
data output	数据输出	資料輸出
data output option	数据输出选项	資料輸出選項
data overlaying	数据叠置,数据叠加	資料套疊
data portability	数据可移植性	資料可移植性
data preparation	数据准备	資料準備
data presentation	数据表达	資料表達
data primitive	数据基元	資料基元
data processing（＝data handling）	数据处理	資料處理
data product	数据产品	資料產品
data product level	数据产品级别	資料產品等級
data quality	数据质量	資料品質
data quality control	数据质量控制	資料品質控制
data quality element	数据质量元素	資料品質元素
data quality evaluation procedure	数据质量评价过程	資料品質評估流程
data quality measure	数据质量度量	資料品質量測
data quality metrics	数据质量检测结果表	資料品質檢測結果表
data quality model	数据质量模型	資料品質模型
data quality overview element	数据质量综述元素	資料品質綜合元素
data quality result	数据质量评价结果	資料品質評價結果
data quality unit	数据质量单位	資料品質單位
data quality value domain	数据质量值域	資料品質值域
data query language	数据查询语言	資料查詢語言
data rate	数据速率	資料速率
data reaggregation	数据再聚合	資料重聚合
data reality	数据真实性	資料真實性
data recorder	数据记录仪	資料記錄器
data record	数据记录	資料記錄
data reduction	数据缩减	資料縮減
data redundancy	数据冗余	資料冗餘
data relativity	数据相关性	資料相關性
data representation	数据表示	資料表示法
data retrieval	数据检索	資料檢索
data rights	数据权限	資料許可權
data roll out	数据传出	資料傳出
data safety	数据安全	資料安全

英　文　名	大　陆　名	台　湾　名
data schema	数据模式	資料規格
data secrecy	数据保密	資料保密
data security	数据安全性	資料安全性
data semantics	数据语义	資料語義
data sensitivity	数据敏感性	資料敏感性
data service	数据服务	資料服務
data service unit	数据服务单元	資料服務單元
data set	数据集	資料集,資料組
data set catalog	数据集目录	資料集目錄
data set comparison	数据集比较	資料組比較
data set directory (＝data set catalog)	数据集目录	資料集目錄
data set documentation	数据集文档	資料集文件
data set precision	数据集精度	資料集精度
data set quality	数据集质量	資料集品質
data set series	数据集系列	資料集系列
data sharing	数据共享	資料共享
data signaling rate	数据信号传输率	資料信號傳輸率
data simplification	数据简化	資料簡化
data smoothing	数据平滑	資料平滑化
data snooping	①数据探测法 ②数据监听	①資料探測法 ②資料檢測
data source	数据源	資料來源
data specification	数据规范	資料規範
data standardization	数据标准化	資料標準化
data storage	数据存储	資料儲存
data storage control language	数据存储控制语言	資料儲存控制語言
data storage medium	数据存储介质	資料儲存媒介
data stream	数据流	資料流
data streaming mode	数据流方式	資料流模式
data structure	数据结构	資料結構
data structure conversion	数据结构转换	資料結構轉換
data structure diagram	数据结构图	資料結構圖
data sub-category	数据子类	資料子類別
data subject area	数据主题区	資料主題區
data subject group	数据主题组	資料主題組
data surrogates	数据代理	資料代理
data system	数据系统	資料系統
data table	数据表	資料表

英　文　名	大　陆　名	台　湾　名
data tablet（＝digital tablet）	数字化板	數位板
data terminal equipment	数据终端设备	資料終端設備
data tile	数据拼块	資料拼幅
data transfer（＝data conversion）	数据转换	資料轉換
data transfer standard	数据转换标准	資料轉換標準
data transmission	数据传输	資料傳輸
data type	数据类型	資料型態
data universe	①数据定义域 ②数据全集	①資料定義域 ②資料全集
data update	数据更新	資料更新
data update cycle	数据更新周期	資料更新週期
data update rate	数据更新率	資料更新率
data vectorization	数据矢量化	資料向量化
data view	数据视图	資料視圖
data voyeur	数据窃取	資料窺竊
data warehouse	数据仓库	資料倉庫
date stamp	日期标记	日期標記
datum	基准	基準面
datum level	基准面	基準面
datum mark（＝datum point）	基准点	基準點
datum plane（＝datum level）	基准面	基準面
datum point	基准点	基準點
datum transformation	基准转换	基準轉換
DBA（＝database administrator）	数据库管理员	資料庫管理員
DBF（＝database file）	数据库文件	資料庫檔案
DBMS（＝database management system）	数据库管理系统	資料庫管理系統
DCBX（＝digital control branch exchange）	数字控制转移交换	數位控制分枝交換
DCDB（＝digital cartographic database）	数字地图数据库	數位地形圖資料庫
DCIF（＝digital cartographic interchange format）	数字地图交换格式	數位地形圖交換格式
DCOM（＝distributed component object model）	分布式组件对象模型	分佈式組件對象模型
DCP（＝data collection platform）	数据采集平台	資料收集平臺
DCW（＝Digital Chart of the World）	全球数字地图	全球數位地圖,世界數位圖
DDB（＝distributed database）	分布式数据库	分散式資料庫
DDBM（＝distributed database manage-	分布式数据库管理系统	分散式資料庫管理系統

英 文 名	大 陆 名	台 湾 名
ment system）		
DDE （＝dynamic data exchange）	动态数据交换	動態資料交換
DDL （＝data definition language）	数据定义语言	資料定義語言
DDM （＝distributed data management）	分布式数据管理	分散式資料管理
dead end	端点	端點
debug	调试	除錯
debugger	调试器	除錯軟體
decimal	①十进制的 ②小数的	①十進位制的 ②小數的
decimal degrees	十进制度	十進位制
decisional tree analysis	决策树分析	決策樹分析
decision model	决策模型	決策模型
decision rule	决策规则,判定规则	決策法則
decision support system （DSS）	决策支持系统	決策支援系統
decision tree	决策树	決策樹
decoding	解码	解碼
decompression	解压［缩］	解壓縮
dedicated system	专用系统	專用系統
deeds registry system	地籍注册系统	地籍註冊系統
default database	缺省数据库	預設資料庫
default file name extension	缺省文件扩展名	預設副檔名
default interface	缺省接口	預設介面
default value	缺省值,默认值	預設值
defined study area	定义训练区	定義訓練區
deflection	偏差	偏差
degree	度	度
degree-minute-second （DMS）	度分秒	度分秒
degree slope （＝slope）	坡度	坡度
delete	删除	刪除
delimitation	①定界 ②分隔	①定界 ②分隔
delimiter	①定界符 ②分隔符	①定義符號 ②分隔符號
DEM （＝digital elevation model）	数字高程模型	數位高程模型
demographic data	人口统计数据	人口統計資料
demographic database	人口统计数据库	人口統計資料庫
demographic map	人口统计图	人口統計圖
demographic model	人口统计模型	人口統計模型
demography	人口统计学	人口統計學
dendrogram	树状图	樹狀圖
denormalization	非规范化	反正規化

英　文　名	大　陆　名	台　湾　名
dense data	稠密数据	稠密資料
densitometer	密度计	密度計
density	密度	密度
density gradient	密度梯度	密度梯度
density layer	密度层	密度層
density map	密度图	密度圖
density slicing	密度分割	密度切割
density splitting (=density slicing)	密度分割	密度切割
density transfer	密度转换	密度轉換
density zoning	密度分区	密度分區
dependency	依赖	依賴性
depth contour (=isobath)	等深线	等深線
derived data	派生数据	反衍資料
derived data layer	派生数据层	反衍資料層
derived map	派生地图	反衍圖,衍生地圖
derived value	派生值	反衍值
descending node	降交点	降交點
descriptive data	描述数据	敘述資料
descriptive text	文字说明	說明文字
descriptor	描述符	描述資料
descriptor file	描述符文件	描述符號檔
desktop GIS	桌面地理信息系统	桌上型地理資訊系統
desktop information and display system	桌面信息与显示系统	桌面資訊與顯示系統
desktop mapping	桌面制图	桌上型製圖
development environment	开发环境	開發環境
development suitability index	发展适宜性指数	發展相適性指標
deviation (=skew)	偏斜	偏斜
device coordinate	设备坐标	設備坐標,儀器坐標
device space	设备空间	設備空間
DFAD (=digital feature analysis data)	数字特征分析数据	數位特徵分析資料
DGPS (=differential global positioning system)	差分全球定位系统	差分全球定位系統
DGR (=digital raster graphics)	数字栅格图	數位網格圖
dialog box	对话框	對話框,對話視窗
difference image	差值图像	差分影像
differential correction	微分纠正	微分糾正
differential global positioning system (DGPS)	差分全球定位系统	差分全球定位系統

英　文　名	大　陆　名	台　湾　名
differential positioning	差分定位	差分定位
differential rectification（＝differential correction）	微分纠正	微分糾正
diffuse reflectance	散射	散射
DIGEST（＝digital geographic information exchange standard）	数字地理信息交换标准	數位地理資訊交換標準
digital	数字的	數位的
digital-analog device	数模转换装置	數位/類比轉換裝置
digital audio tape	数字录音带	數位錄音帶
digital capture device	数据采集设备	數值轉換器
digital cartographic analysis	数字地图分析	數位地圖分析
digital cartographic data	数字制图数据	數位地圖資料
digital cartographic database（DCDB）	数字地图数据库	數位地形圖資料庫
digital cartographic interchange format（DCIF）	数字地图交换格式	數位地形圖交換格式
digital cartographic model	数字地图模型	數值製圖模型
digital cartography	数字地图制图	數位製圖
Digital Chart of the World（DCW）	全球数字地图	全球數位地圖,世界數位圖
digital communication	数字通信	數位通訊
digital contour plot	数字等高线图	數位等高線圖
digital control branch exchange（DCBX）	数字控制转移交换	數位控制分枝交換
digital correlation	数字相关	數位相關
digital data	数字数据	數位資料
digital database	数字数据库	數位資料庫
digital data collection	数字数据采集	數位資料收集
digital data communication message protocol	数字数据通信协议	數位資料通訊信息協定
digital earth	数字地球	數位地球
digital elevation matrix	数字高程矩阵	數位高程矩陣
digital elevation model（DEM）	数字高程模型	數位高程模型
digital encoding	数字编码	數位編碼
digital exchange format（DXF）	数字交换格式	數位交換格式
digital feature analysis data（DFAD）	数字特征分析数据	數位特徵分析資料
digital file	数字文件	數位文件
digital file synchronization	数字文件同步化	數位資料同步
digital filter	数字滤波器	數位濾波器
digital filtering	数字滤波	數位濾波

英　文　名	大　陆　名	台　湾　名
digital geographic information exchange standard（DIGEST）	数字地理信息交换标准	數位地理資訊交換標準
digital geospatial data framework	数字地理空间数据框架,数字地球空间数据框架	數位地理空間資料框架,數位地球空間資料框架
digital gradient	数字梯度,数字斜率	數位梯度
digital image	数字影像	數位影像
digital image analysis	数字图像分析	數位影像分析
digital image database	数字影像数据库	數位影像資料庫
digital image processing（DIP）	数字图像处理	數位影像處理
digital incremental plotter	数字增量式绘图仪	增量式數位繪圖儀
digital landscape model（DLM）	数字景观模型	數位景觀模型
digital line graph（DLG）	数字线划图	數位線化圖
digital loopback	数字循环诊断	數位迴圈檢查
digital loop carrier	数字循环载体	數位迴圈載具
digital map	数字地图	數位地圖
digital map layer	数字地图层	數位地圖圖層
digital mapping	数字制图	數位製圖
digital mapping program	数字制图程序	數位製圖程式
digital map registration	数字地图配准	數位地圖套合
digital matrix	数字矩阵	數位矩陣
digital mosaic	数字镶嵌	數位鑲嵌
digital multiplexed interface	数字多路转换接口	數位多工介面
digital multispectral scanner	数字多光谱扫描仪	數位多光譜掃描儀
digital nautical chart（DNC）	数字航海图	數位航海圖
digital number（DN）	数值	數值
digital orthoimage（＝digital orthophoto）	数字正射影像	數位正射影像
digital orthoimagery（＝digital ortho-photo）	数字正射影像	數位正射影像
digital orthophoto	数字正射影像	數位正射影像
digital orthophoto map（DOM）	数字正射影像图	數位正射影像圖
digital orthophoto quadrangle（＝digital orthophoto map）	数字正射影像图	數位正射影像圖
digital photogrammetric system（DPS）	数字摄影测量系统	數位攝影測量系統
digital photogrammetric workstation（DPW）	数字摄影测量工作站	數位攝影測量工作站
digital photogrammetry	数字摄影测量	數位攝影測量
digital process	数字处理	數位處理

英　文　名	大　陆　名	台　湾　名
digital raster graphics（DRG）	数字栅格图	數位網格圖
digital rectification	数字纠正	數位糾正
digital service unit	数字服务单元	數位服務單元
digital signal	数字信号	數位訊號
digital simulation	数字模拟	數位模擬
digital surface model（DSM）	数字表面模型	數位地表模型
digital tablet	数字化板	數位板
digital terrain elevation data（DTED）	数字地形高程数据	數位地形高程資料
digital terrain model（DTM）	数字地形模型	數值地形模型
digital-to-analog conversion（D/A）	数模转换	數位轉換,類比轉換
digital-to-analog converter（DAC）	数模转换器	數位轉換器,類比轉換器
digital value（＝digital number）	数值	數值
digital voice	数字语音	數位語音
digitization（＝digitizing）	数字化	數位化
digitized image	数字化影像	數位化影像
digitized map	数字化地图	數位化地圖
digitized video	数字化视频	數位化視訊
digitizer	数字化仪	數化板,數化儀
digitizer accuracy	数字化仪精度	數化板正確度
digitizer resolution	数字化仪分辨率	數化板解析度
digitizing	数字化	數位化
digitizing board（＝digital tablet）	数字化板	數位板
digitizing cursor	数字化标示器	數化遊標
digitizing edit	数字化编辑	數化編輯
digitizing mode	数字化模式	數化模式
digitizing tablet（＝digital tablet）	数字化板	數位板
digitizing threshold	数字化阈值	數位化門檻值
digitizing workstation	数字化工作站	數化工作站
digraph	有向图	有向圖
Dijkstra's algorithm	迪伊克斯特拉算法	狄格斯特演算法
dilution of precision（DOP）	精度衰减因子	精度衰減因子
DIME（＝dual independent map encoding）	对偶独立地图编码	雙獨立地圖編碼
dimension	维	維
dimension feature	尺度要素	尺度要素
dimension feature class	尺度要素类	尺度要素類
dimension style	尺度风格	尺度風格

英 文 名	大 陆 名	台 湾 名
3-dimension surface model	三维表面模型	三维地表模型
DIP (=①digital image processing ②document image processing)	①数字图像处理 ②文件图像处理	①數位影像處理 ②文件影像處理
direct access	直接访问	直接存取
direct connect	直接连接	直接連接
directed link	有向连接	方向性連接線
directed network flow	有向网络图	方向性網路
direct evaluation method	直接评价方法	直接評估方法
directional filter	方向滤波器	單向濾鏡
direction field	方向字段	方向字段
directory (=catalog)	目录	目錄
directory service (=catalog service)	目录服务	目錄服務
direct positioning	直接定位	直接定位
disabled feature	失效要素	失效要素
discrete data	离散数据	離散資料
discrete feature	离散要素	離散要素
displacement link	置换链接	置換鏈接
display scale	显示比例尺	顯示比例尺
display type	显示类型	顯示類型
display unit	显示单位	顯示單位
distance decay	距离衰减	距離衰減
distance field	距离域	距離欄位
distance unit	距离单位	距離單位
distortion	畸变,变形	畸變,變形
distortion isograms	等变形线	等變形線
distributed architecture	分布式结构	分散式結構
distributed component object model (DCOM)	分布式组件对象模型	分佈式組件對象模型
distributed computing	分布式计算	分散式計算
distributed computing environment	分布式计算环境	分散式計算環境
distributed computing model	分布式计算模型	分散式計算模型
distributed computing system	分布式计算系统	分散式計算系統
distributed database (DDB)	分布式数据库	分散式資料庫
distributed database management system (DDBMS)	分布式数据库管理系统	分散式資料庫管理系統
distributed data management (DDM)	分布式数据管理	分散式資料管理
distributed data processing	分布式数据处理	分散式資料處理
distributed memory	分布式内存	分散式記憶體

英　文　名	大　陆　名	台　湾　名
distributed network system（DNS）	分布式网络系统	分散式網路系統
distributed processing	分布式处理	分散式處理
distributed processing network	分布式处理网络	分散式處理網路
distributed relational database architecture（DRDA）	分布式关系数据库结构	分散式資料庫結構
distributed system	分布式系统	分散式系統
district coding	地区编码	地區編碼
districting	分区	分區
disturbed orbit	扰动轨道	擾動軌道
diversity	多样性	多樣性
DLG（=digital line graph）	数字线划图	數位線化圖
DLL（=dynamic link library）	动态链接库	動態連接庫
DLM（=digital landscape model）	数字景观模型	數位景觀模型
DML（=data manipulation language）	数据操作语言	資料操作語言
DMRS（=data management and retrieval system）	数据管理和检索系统	資料管理和檢索系統
DMS（=①data management system ②degree-minute-second）	①数据管理系统 ②度分秒	①資料管理系統 ②度分秒
DN（=digital number）	数值	數值
DNC（=digital nautical chart）	数字航海图	數位航海圖
DNS（=①distributed network system ②domain name server）	①分布式网络系统 ②域名服务器	①分散式網路系統 ②網域名稱伺服器
DN value	[数字图像]像元值	波譜值
dockable window	可停靠窗口	可停靠視窗
docking	停靠	停靠
document	文件,文档	文件
documentation	文件编制	文件編纂
document file	文档文件	文件檔案
document-file icon	文档文件图标	文件檔案圖示
document image processing（DIP）	文件图像处理	文件影像處理
document reader	文件阅读器	文件閱讀器
document window	文档窗口	文件視窗
DOM（=digital orthophoto map）	数字正射影像图	數位正射影像圖
domain	域	範圍,網域
domain name server（DNS）	域名服务器	網域名稱伺服器
domain range	域值区间	網域區間
DOP（=dilution of precision）	精度衰减因子	精度衰減因子
Doppler shift	多普勒变换	多普勒變換

英 文 名	大 陆 名	台 湾 名
DOQ（=digital orthophoto quadrangle）	数字正射影像图	數位正射影像圖
dot（=point）	点	點
dot density map	点密度图	點密度圖
dot distribution map	点分布图	點分佈圖
dot map	点图	點子圖
dot per inch	点每英寸	點每英寸
double frequency receiver	双频接收机	雙頻接收儀
double precision	双精度	雙精度
Douglas-Peucker algorithm	道格拉斯–普克算法	道格拉斯–普克演算法
download	下载	下載
downstream	下行	下行
dpi（=dot per inch）	点每英寸	點每英寸
DPS（=digital photogrammetric system）	数字摄影测量系统	數位攝影測量系統
DPW（=digital photogrammetric worksta-tion）	数字摄影测量工作站	數位攝影測量工作站
draft	草案	草稿
drafting（=plot）	绘图	繪圖
drafting scale	绘图比例尺	繪圖比例尺
dragging	拖曳	拖曳
drainage	水系	水系
drainage map	水系图	水系圖
drainage pattern	水系类型,水网类型	水系圖型
drape	贴加	覆蓋
draped layer	遮盖层	遮蓋層
draping	覆盖	覆蓋
drawing（=plot）	绘图	繪圖
drawing board	绘图板	繪圖板
drawing entity	绘图实体	繪圖實體
drawing exchange format	绘图交换格式	繪圖交換格式
drawing extent	绘图范围	繪圖範圍
drawing file	绘图文件	繪圖檔案
drawing grid	绘图格网	繪圖網格
drawing interchange format（=drawing exchange format）	绘图交换格式	繪圖交換格式
drawing limit	绘图界限	繪圖界限
drawing priority	绘图优先级	繪圖優先性
drawing registration	绘图配准,绘图定位	繪圖套合
drawing size	绘图图面大小,绘图尺	繪圖圖面大小,繪圖尺

英　文　名	大　陆　名	台　湾　名
	寸	寸
drawing unit	绘图单元,绘图单位	繪圖單元,繪圖單位
DRDA (=distributed relational database architecture)	分布式关系数据库结构	分散式資料庫結構
dropped scan line	遗漏扫描线	遺漏掃描線
drum plotter	滚筒式绘图仪	滾筒式繪圖儀
drum scanner	滚筒式扫描仪	滾筒式掃描器
DSM (=digital surface model)	数字表面模型	數位地表模型
DSS (=decision support system)	决策支持系统	決策支援系統
DTED (=digital terrain elevation data)	数字地形高程数据	數位地形高程資料
DTM (=digital terrain model)	数字地形模型	數值地形模型
dual independent map encoding (DIME)	对偶独立地图编码	雙獨立地圖編碼
duobinary coding	双二进制编码	雙二進位編碼
DXF (=digital exchange format)	数字交换格式	數位交換格式
dynamic data exchange (DDE)	动态数据交换	動態資料交換
dynamic feature class	动态要素类	動態要素類別
dynamic HTML	动态超文本标记语言	動態超文本標記語言
dynamic link library (DLL)	动态链接库	動態連接庫
dynamic segmentation	动态分段	動態分割

E

英　文　名	大　陆　名	台　湾　名
earth-centered ellipsoid	地球质心椭球体	地球質心橢球體
earth ellipsoid	地球椭球体	地球橢球體
earth figure (=earth shape)	地球形状	地球形狀
earth-fixed coordinate	地固坐标系	地固坐標系
earth gravity model	地球重力场模型	地球重力模型
earth observation (EO)	对地观测	對地觀測
earth observation data management system (EODMS)	对地观测数据管理系统	對地觀測資料管理系統
earth observation satellite	对地观测卫星	對地觀測衛星
earth observation system (EOS)	对地观测系统	對地觀測系統
earth resources information system (ERIS)	地球资源信息系统	地球資源資訊系統
earth resources observation satellite	地球资源观测卫星	地球資源觀測衛星
earth resources observation system (EROS)	地球资源观测系统	地球資源觀測系統

英　文　名	大　陆　名	台　湾　名
earth resources technology satellite	地球资源技术卫星	地球資源科技衛星
earth satellite thematic sensing	地球卫星专题遥感	地球衛星專題遙測
earth shape	地球形状	地球形狀
earth spheroid	地球球体	地球球體
earth spherop	地球正常等位面	地球正常等位面
earth surface	地球表面	地球表面
earth synchronous orbit	地球同步轨道	地球同步軌道
eccentricity	偏心率	扁心率
ECDB（＝electronic chart database）	电子海图数据库	電子海圖資料庫
ECDIS（＝electronic chart and display information system）	电子海图显示信息系统	電子海圖與顯示資訊系統
economic geography	经济地理	經濟地理
ecosystem	生态系统	生態系統
edge（＝border）	边缘,界线	邊緣,邊界
edge crispening	勾边处理	邊緣處理
edge detection	边缘检测	邊緣偵測
edge detection filter	边缘检测滤波器	邊緣檢測濾鏡
edge enhancement	边缘增强	邊緣增強
edge fitting method	边缘拟合法	邊緣附合法
edge join	边界连接	邊緣連接
edge matching	接边,边缘匹配	接邊,邊緣匹配
EDI（＝electronic data interchange）	电子数据交换	電子資料交換
edit	编辑	編輯
edit annotation tool	注记编辑工具	註記編輯工具
editor	编辑器	編輯器
editor toolbar	编辑工具条	編輯工具列
edit sketch	编辑草图	編輯草圖
edit verification	编辑校核	編輯校核
EDMS（＝electronic document management system）	电子文档管理系统	電子文件管理系統
EDP（＝electronic data processing）	电子数据处理	電子資料處理
effective radius of the earth	地球有效半径	地球有效半徑
EGA（＝enhanced graphics adapter）	增强图形适配器	增顯圖形接合器
EIA（＝environment impact assessment）	环境影响评价	環境影響評估
eigenvalue	特征值	特徵值
eigenvector	特征矢量	特徵向量
eigenvector analysis	特征矢量分析	特徵向量分析
EIS（＝environment impact study）	环境影响研究	環境影響研究

英　文　名	大　陆　名	台　湾　名
electromagnetic radiation	电磁辐射	電磁輻射
electromagnetic spectrum	电磁波谱	電磁波譜
electromechanical sensor	机电传感器	電子機械感應器
electronic atlas	电子地图集	電子地圖集
electronic bearing	电子测量方位	電子式方位測量
electronic chart	电子海图	電子海圖
electronic chart and display information system（ECDIS）	电子海图显示信息系统	電子海圖與顯示資訊系統
electronic chart database（ECDB）	电子海图数据库	電子海圖資料庫
electronic data collection	电子数据采集	電子資料收集
electronic data interchange（EDI）	电子数据交换	電子數據交換
electronic data processing（EDP）	电子数据处理	電子資料處理
electronic document management system（EDMS）	电子文档管理系统	電子文件管理系統
electronic drawing tablet	电子绘图板	電子繪圖板
electronic engraver	电子刻图机	電子刻圖機
electronic imaging system	电子成像系统	電子成像系統
electronic line scanner	电子行扫描仪	電子線性掃描器
electronic map	电子地图	電子地圖
electronic navigational chart（=electronic chart）	电子海图	電子海圖
electronic publishing system	电子出版系统	電子出版系統
element	元素	元素
elevation	高程	高程
elevation index	高程索引	高程索引
elevation layer	高程层	高程圖層
elevation tints	高程分层设色	高程分層設色
ellipse	椭圆	橢圓
ellipsoid	椭圆体	橢圓體
embedded SQL	嵌入式结构化查询语言	嵌入式 SQL
EMF（=enhanced meta file）	增强型图像文件	增強型圖像文件
emulation（=simulation）	模拟,类比	模擬,類比
enabled feature	激活要素	激活要素
ENC（=electronic navigational chart）	电子海图	電子海圖
encapsulation	封装	封裝
enclosing rectangle	最小外接四边形	最小外接四邊形
enclosure	外部边界	外部邊界
encoded data string	编码数据串	編碼資料串

英　文　名	大　陆　名	台　湾　名
encoding（＝coding）	编码	編碼
encoding model	编码模型	編碼模型
encoding process	编码处理	編碼處理
encoding rule	编码规则	編碼規則
encoding schema	编码模式	編碼模式
end of file（EOF）	文件结束标志	檔案結尾
end offset	最终偏移量	最終偏移量
end of line（EOL）	行结束标志	行結尾
end point	终点	端點
end-point connectivity	端点连接	終點連接
end user	最终用户	最終用戶
engineering coordinate system	工程坐标系,独立坐标系	工程坐標系,獨立坐標系
engineering viewpoint	工程视点	工程觀點
enhanced graphics adapter（EGA）	增强图形适配器	增顯圖形接合器
enhanced imagery	增强图像	增顯後影像
enhanced meta file（EMF）	增强型图像文件	增強型圖像文件
enhanced mode	增强模式	增顯模式
enhancement thematic mapper（ETM）	增强型专题制图仪	增顯主題製圖儀
ENSS（＝European Navigation Satellite System）	欧洲导航卫星系统	歐洲導航衛星系統
enterprise GIS	企业级地理信息系统	企業級地理資訊系統
enterprise JavaBeans	企业级 Java 组件	企業級 Java 組件
enterprise viewpoint	企业视点	企業觀點
entity	实体	實體
entity attribute	实体属性	實體屬性
entity class	实体类	實體類別
entity classification	实体分类	實體分類
entity instance	实体实例	實體實例
entity object	实体对象	實體物件
entity point	实体点	實體點
entity relationship（E-R）	实体关系	實體關係
entity relationship approach	实体关系方法	實體關聯方法
entity relationship data model	实体关系数据模型	實體相關資料模型
entity relationship diagram（ERD）	实体关系图	實體關聯圖
entity relationship model	实体关系模型	實體相關模式
entity relationship modeling	实体关系建模	實體關聯模式
entity set	实体集	實體組

英 文 名	大 陆 名	台 湾 名
entity set model	实体集模型	實體組模型
entity subtype	实体子类	實體子類型
entity supertype	实体超类	實體超類型
entity type	实体类型	實體類型
entropy	熵	熵
entropy coding	熵编码	熵編碼
envelope	包迹	包絡線
environment	环境	環境
environmental analysis	环境分析	環境分析
environmental assessment	环境评价	環境評估
environmental capacity	环境容量	環境容量,環境容忍力
environmental data	环境数据	環境資料
environmental database	环境数据库	環境資料庫
environmental information	环境信息	環境資訊
environmental map	环境地图	環境地圖
environmental mapping data	环境制图数据	環境製圖資料
environmental modeling	环境建模	環境建模
environmental planning	环境规划	環境規劃
environmental quality assessment	环境质量评价	環境品質評估
environmental remote sensing	环境遥感	環境遙感探測
environmental resources information network（ERIN）	环境资源信息网	環境資源資訊網路
environmental science database	环境科学数据库	環境科學資料庫
environment impact assessment（EIA）	环境影响评价	環境影響評估
environment impact study（EIS）	环境影响研究	環境影響研究
environment setting	环境设置	環境設置
environment variable	环境变量	環境變量
EO（=earth observation）	对地观测	對地觀測
EODMS（=earth observation data management system）	对地观测数据管理系统	對地觀測資料管理系統
EOF（=end of file）	文件结束标志	檔案結尾
EOL（=end of line）	行结束标志	行結尾
EOS（=earth observation system）	对地观测系统	對地觀測系統
ephemeris	星历表	星歷表
equal area projection	等积投影	等積投影
equal interval classification	等间隔分类	等間隔分類
equation item	方程项	方程式項次
equator	赤道	赤道

英　文　名	大　陆　名	台　湾　名
equatorial aspect	赤道面	赤道面
equatorial plane（=equatorial aspect）	赤道面	赤道面
equidistant projection	等距投影	等距投影
E-R（=entity relationship）	实体关系	實體關係
ERD（=entity relationship diagram）	实体关系图	實體關聯圖
ERIN（=environmental resources information network）	环境资源信息网	環境資源資訊網路
ERIS（=earth resources information system）	地球资源信息系统	地球資源資訊系統
E-R model（=entity relationship model）	实体关系模型	實體相關模式
EROS（=earth resources observation system）	地球资源观测系统	地球資源觀測系統
error propagation	误差传播	誤差傳播
error table	误差表	誤差表
ES（=expert system）	专家系统	專家系統
Ethernet	以太网	乙太網路
ETM（=cement thematic mapper）	增强型专题制图仪	增顯主題製圖儀
Euclidean distance	欧几里得距离	歐幾裏德距離
Euclidean distance analysis	欧几里得距离分析	歐氏距離分析
Euclidean geometry	欧几里得几何学	歐幾裏德幾何學
Euclidean space	欧几里得空间	歐幾裏德空間
EUROGI（= Umbrella Organization for Geographic Information）	欧洲地理信息组织联盟	歐洲地理資訊庇護組織
European Navigation Satellite System（ENSS）	欧洲导航卫星系统	歐洲導航衛星系統
European Umbrella Organization for Geographic Information（EUROGI）	欧洲地理信息组织联盟	歐洲地理資訊庇護組織
evaluator	求值程序	求值程序
event	事件	事件
event handling	事件处理	事件處理
event layer	事件层	事件層
event overlay	事件叠加	事件疊加
event table	事件表	事件表
event theme	事件主题	事件主題
event time	事件时间	事件時間
exception	异常	異常
executable file	可执行文件	執行檔
executable test suite	可执行测试套件	可執行測試套件

英 文 名	大 陆 名	台 湾 名
execute	执行,实现	實作
existing data	现有数据	現有資料
expert system（ES）	专家系统	專家系統
exponent	指数	指數
export（＝output）	输出	輸出
exposure	曝光	曝光
expression	表达式	表達式
extended color	扩展颜色	擴展顏色
extended entity data	扩展实体数据	擴展實體資料
extensibility	可扩展性	擴充性
extensible markup language（XML）	可扩展置标语言,可扩展标记语言	可擴展置標語言,可擴展標記語言
extension	范围	地圖範圍
extent	[覆盖]范围	地圖範圍
extent rectangle	[覆盖]范围矩形	地圖範圍矩形
external polygon	外部多边形	外部多邊形
external program	外部程序	外部程序
external reference file	外部参考文件	外部參考文件
extract	提取	提取
extrapolation	外推	外插法

F

英 文 名	大 陆 名	台 湾 名
face	[多面体的]面	面
facilities inventories	设施清单	設施清單
facility	设施	設施
facility data	设施数据	設施資料
facility database	设施数据库	設施資料庫
facility data management	设施数据管理	設施資料管理
facility management	设施管理	設施管理
facility map	设施图	設施圖
fact	事实	事實
false color	假彩色,伪彩色	假彩色,虛擬色
false easting	东移假定值	東移假定值
false northing	北移假定值	北移假定值
fast Fourier transform	快速傅里叶变换	快速傅利葉轉換
feasibility study	可行性研究	可行性研究

英　文　名	大　陆　名	台　湾　名
feature	特征,要素	圖徵,要素
feature attribute	要素属性	圖徵屬性
feature attribute type	要素属性类型	圖徵類型
feature catalog	要素目录	圖徵目錄
feature class	要素类	圖徵類別
feature classification	要素分类	圖徵分類
feature codes	①特征码 ②要素代码	①圖徵代碼 ②特徵代碼
feature collection	要素集合	圖徵集合
feature data	要素数据	圖徵資料
feature data set	要素数据集	圖徵資料集
feature extraction	①特征提取 ②要素提取	①圖徵萃取 ②特徵萃取
feature generalization	要素综合	圖徵縮編
feature identifier	特征标识符	圖徵標識符號
feature layer	要素层	圖徵圖層
feature selection	特征选择	圖徵選取
feature separation	特征分离	圖徵分離
feature server	要素服务器	圖徵伺服器
feature service	要素服务	圖徵服務
feature streaming	要素流	圖徵流
feature type	要素类型	圖徵類型
Federal Geographical Data Committee（FGDC）	［美国］联邦地理数据委员会	美國聯邦地理資料委員會
Federal Information Processing Standards（FIPS）	［美国］联邦信息处理标准	聯邦資訊處理標準
federated database	联邦式数据库,邦联式数据库	聯邦式資料庫,邦聯式資料庫
Fédération Internationale des Géomètres（FIG）	国际测量师联合会	國際測量師聯合會
FGDC（=Federal Geographical Data Committee）	［美国］联邦地理数据委员会	美國聯邦地理資料委員會
field	字段	欄位
FIG（=Fédération Internationale des Géomètres）	国际测量师联合会	國際測量師聯合會
file	［计算机］文件	檔案
file attribute	文件属性	檔案屬性
file compression	文件压缩	檔案壓縮
file format	文件格式	檔案格式
file indexing	文件索引	檔案索引

英　文　名	大　陆　名	台　湾　名
file locking	文件锁定	檔案鎖定
file management	文件管理	檔案管理
file manager system	文件管理系统	檔案管理系統
file name	文件名	檔案名稱
file name extension	文件名后缀,文件扩展名	副檔名
file server	文件服务器	檔案伺服器
file server protocol（FTP）	文件服务器协议	檔案伺服器協定
file structure	文件结构	檔案結構
file system	文件系统	檔案系統
file transfer	文件传输	檔案傳輸
file transfer protocol	文件传输协议	檔案傳輸協定
fill	填充	填充
fillet	圆角	圓角
filtering	滤波	過濾
find address	寻址	尋址
find places	位置查找	位置查找
find point of interest	查找关注点	查找關註點
find route	查找路径	查找路徑
FIPS（＝Federal Information Processing Standards）	［美国］联邦信息处理标准	聯邦資訊處理標準
fitness for use	适用性	適用性
fixed length record format	定长记录格式	固定長度記錄格式
fixed reference point	固定参考点	固定參考點
fixed time data	定时数据	定時資料
flag	标记	標記
flap	叠置	疊置
flatbed scanner	平板扫描仪	平板掃描儀
flattening	［椭球］扁率	［地球］扁率
floating point	浮点	浮點
flowchart	流程图	流程圖
flow direction	流向	流向
folder	文件夹	檔案夾
folder connection	文件夹连接	檔案夾連接
font	字型	字形
font point size	字体大小	字形大小
foreground	前景	前景
foreign key	外键	外部鍵

英 文 名	大 陆 名	台 湾 名
format	格式	格式
format conversion	格式转换	格式轉換
formatting	格式化	格式化
form line	形态线	形態線
fractal	分形,分数维	碎形,非整數維
fractional map scale	分数地图比例尺	分數地圖比例尺
framework	框架	架構
framework data	框架数据	架構資料
frequency	频率	頻率
frequency band	频带	頻段,頻帶
frequency diagram	频率图	頻率圖
frequency plot（=frequency diagram）	频率图	頻率圖
from-node	起始结点	起始結點
FTP（=file transfer protocol）	文件传输协议	檔案傳輸協定
full cache	完全高速缓存	完全高速緩存
fully digital mapping	全数字化测图	全數值化測圖
function	①功能 ②函数	①功能 ②函數
functional database	函数数据库	函數資料庫
functional standard	实用标准	實用標準
function language	函数语言	函數語言
function library	函数库	函數庫
function-oriented data files	面向过程的数据文件	面向過程的資料文件
fuzzy analysis	模糊分析	模糊分析
fuzzy classification method	模糊分类法	模糊分類法
fuzzy concept	模糊概念	模糊概念
fuzzy set	模糊集	模糊集
fuzzy tolerance	模糊容差	模糊容許度

G

英 文 名	大 陆 名	台 湾 名
gateway service	网关服务	閘道服務
Gaussian coordinate	高斯坐标	高斯坐標
Gaussian curvature	高斯曲率	高斯曲率
Gaussian distribution	高斯分布	高斯分佈
Gaussian noise	高斯噪声	高斯雜訊
Gauss-Krüger coordinate	高斯-克吕格坐标	高斯-克魯格坐標
Gauss-Krüger grid	高斯-克吕格格网	高斯-克魯格網格

英　文　名	大　陆　名	台　湾　名
Gauss-Krüger projection	高斯–克吕格投影	高斯–克鲁格投影
Gauss map projection	高斯地图投影	高斯地圖投影
Gauss plane coordinate	高斯平面坐标	高斯平面坐標
gazetteer	地名录	地名辭典
GB（=gigabyte）	十亿字节,吉字节,10^9字节	十億位元組
GBF（=geographic base file）	地理基础文件	地理基礎文件
GCOS（=Global Climatic Observation System）	全球气候观测系统	全球氣候觀測系統
GCP（=ground control point）	地面控制点	地面控制點
GDBM（=geographic database management）	地理数据库管理	地理資料庫管理
GDF（=geographic data files）	地理数据文件	地理資料檔
GDI（=graphic device interface）	图形设备接口	圖形設備介面
general atlas	普通地图集	普通地圖集
general feature model	通用要素模型	通用物徵模型
generalization	综合	綜合
general map	普通地图	普通地圖
general model	通用模型	通用模型
general plan	总体规划	綜合計畫
general purpose computer	通用计算机	通用電腦
genetic algorithm	遗传算法	遺傳演算法
geo-algebra	地理代数	地理代數
geo-analysis	地学分析	地學分析
geocartography	地理制图	地理製圖
geocentric coordinate system	地心坐标系	地心坐標系
geocentric datum	地心基准	地心基準
geocode（=geocoding）	地理编码	地理編碼
geocode server	地理编码服务器	地理代碼伺服器
geocode service（=geocoding service）	地理编码服务	地理編碼服務
geocoding	地理编码	地理編碼
geocoding editor	地理编码编辑器	地理編碼編輯器
geocoding engine	地理编码引擎	地理編碼引擎
geocoding index	地理编码索引	地理編碼索引
geocoding platform	地理编码平台	地理編碼平台
geocoding process	地理编码处理	地理編碼處理
geocoding reference data	地理编码参考数据	地理編碼參考資料
geocoding service	地理编码服务	地理編碼服務

英 文 名	大 陆 名	台 湾 名
geocoding style	地理编码样式	地理編碼樣式
geocoding system	地理编码系统	地理編碼系統
geodata	地学数据	地學資料
geodatabase	地理数据库	地理資料庫
geodatabase data model	地理数据库数据模型	地理資料庫資料模型
geodatabase feature data set	地理要素数据集	地理資料庫圖徵資料集
geodataset (=geographic data set)	地理数据集	地理資料集
geodemographics	地理人口统计学	地理人口統計學
geodesy	大地测量学	大地測量學
geodetic control	大地控制	大地控制
geodetic coordinates	大地坐标	地理坐標
geodetic datum	大地基准	大地測量基準面
geodetic height	大地高	大地高度
geodetic reference system	大地参照系	大地參考系統
geodetic survey	大地测量	大地測量
geo-distribution	地理分布	地理分佈
geographical general name	地理通名	地理通名
geographically indexed file	地理索引文件	地理索引檔
geographically referenced data	地理参考数据	地理參考資料
geographical map	地理图	地理圖
geographical name index	地名索引	地名索引
geographic analysis	地理分析	地理分析
geographic azimuth	地理方位角	地理方位角
geographic base file (GBF)	地理基础文件	地理基礎文件
geographic boundary	地理边界	地理邊界
geographic center	地理中心	地理中心
geographic coding (=geocoding)	地理编码	地理編碼
geographic coordinate	地理坐标	地理坐標
geographic data	地理数据	地理資料
geographic database category	地理数据库类别	地理資料庫目錄
geographic database (=geodatabase)	地理数据库	地理資料庫
geographic database management (GDBM)	地理数据库管理	地理資料庫管理
geographic data files (GDF)	地理数据文件	地理資料檔
geographic data set	地理数据集	地理資料集
geographic direction	地理方向	地理方向
geographic entity	地理实体	地理實體
geographic feature	地理要素,地理特征	地理特徵

英 文 名	大 陆 名	台 湾 名
geographic feature data	地理要素数据	地理特徵資料
geographic grid	地理格网	地理網格
geographic identifier	地理标识符	地理辨識符號
geographic index	地理索引	地理索引
geographic information	地理信息	地理資訊
geographic information analysis	地理信息分析	地理資訊分析
geographic information science	地理信息科学	地理資訊科學
geographic information standard	地理信息标准	地理資訊標準
geographic information system（GIS）	地理信息系统	地理資訊系統
geographic information system-transportation（GIS-T）	交通地理信息系统	運輸地理資訊系統
geographic landscape	地理景观	地理景觀
geographic latitude	地理纬度	地理緯度
geographic location	地理位置	地理位置
geographic longitude	地理经度	地理經度
geographic markup language（GML）	地理置标语言,地理标记语言	地理置標語言,地理標記語言
geographic meridian	地理子午线	地理子午線
geographic model	地理模型	地理模型
geographic name	地理名称	地理名稱
geographic names information system	地名信息系统	地名資訊系統
geographic objects	地理目标	地理物件
geographic parallel	地理纬圈	地理緯度圈
geographic position（=geographic location）	地理位置	地理位置
geographic query language（GQL）	地理查询语言	地理查詢語言
geographic/structured query language	地理/结构化查询语言	地理/結構化查詢語言
geographic survey	地理调查	地理測量
geographic transformation	地理变换	地理轉換
geographic vertical	地理经圈	地理經圈
geographic viewing distance	地理视距	地理視距
geographic visualization	地理可视化	地理可視化
geographic zone	地理带	地理帶
geography	地理学	地理學
geoid	大地水准面	大地水準面
geoinformatics	地球空间信息学	地理空間資訊學
geo-information system	地学信息系统	地球資訊系統
geolocation	地理定位	地理定位

英 文 名	大 陆 名	台 湾 名
geological database	地质数据库	地質資料庫
geological mapping	地质制图	地質製圖
geological photomap	地质影像图	地質影像圖
geomatics	地理空间信息学	地理空間資訊學
geometric coincidence	几何一致性	幾何一致性
geometric correction	几何校正,几何纠正	幾何校正
geometric elements	几何元素	幾何元素
geometric network	几何网络	幾何網路
geometric object	几何对象	幾何物件
geometric primitive	几何基元	幾何基元
geometric rectification (=geometric correction)	几何校正,几何纠正	幾何校正
geometric registration	几何配准	幾何套合
geometric transformation	几何变换	幾何轉換
geometry	几何学	幾何學
geo mobility server	移动式地理服务器	移動式地理伺服器
geoprocessing	地学信息处理	地理處理
georeference	地理[坐标]参照	地理[坐標]參考
georeference system	地理[坐标]参照系	地理[坐標]參考系統
georelational data model	地理相关数据模型	地理相關資料模型
georelational model	地理相关模型	地理相關模型
geospatial data clearinghouse	地理空间数据交换网站	地理空間資料交換網站
geospatial data warehouse	地理空间数据仓库	地理空間資料倉儲
geospatial information	地理空间信息	地理空間資訊
geospatial portal	地理空间门户	地理空間入口
geospecific model	地理细化模型	地理細化模型
geostationary orbit	地球静止轨道	地球同步軌道
geostationary satellite	对地静止卫星	地球同步衛星
geostatistics	地理统计	地理統計
geo-synchronous satellite	地球同步卫星	地球同步衛星
GeoTIFF	GeoTIFF 格式	GeoTIFF 格式
GIF (=graphic interchange format)	GIF 格式,可交换图像数据格式	GIF 格式,可交換圖像資料格式
gigabyte (GB)	十亿字节,吉字节,10^9字节	十億位元組
GII (=global information infrastructure)	全球信息基础设施	全球資訊基礎建設
GIS (=geographic information system)	地理信息系统	地理資訊系統
GIS server	地理信息系统服务器	地理資訊系統伺服器

英 文 名	大 陆 名	台 湾 名
GIS-T（=geographic information system-transportation）	交通地理信息系统	運輸地理資訊系統
GIS Web service	GIS Web 服务	GIS Web 服務
GKS（=graphics kernel system）	计算机图形核心系统	圖形核心系統
Global Climatic Observation System（GCOS）	全球气候观测系统	全球氣候觀測系統
global information infrastructure（GII）	全球信息基础设施	全球資訊基礎建設
global mode	全球模式	全球模式
global navigation positioning satellite	全球导航定位卫星	全球導航定位衛星
Global Navigation Satellite System（GLONASS）	［俄罗斯]全球导航卫星系统	［俄羅斯]全球導航衛星系統
Global Navigation Satellite System（GNSS）	全球导航卫星系统	全球導航衛星系統
global navigation system	全球导航系统	全球導航系統
Global Ocean Observation System（GOOS）	全球海洋观测系统	全球海洋觀測系統
Global Orbiting Navigation Satellite System	［俄罗斯]全球轨道导航卫星系统	全球軌道衛星導航系統
Global Positioning System（GPS）	全球定位系统	全球定位系統
GLONASS（=Global Navigation Satellite System）	［俄罗斯]全球导航卫星系统	［俄羅斯]全球導航衛星系統
glyph	①图元 ②字形	①圖元 ②字形
GML（=geographic markup language）	地理置标语言,地理标记语言	地理置標語言,地理標記語言
GML application schema	地理置标语言应用模式	地理置標語言應用標準
GMT（=Greenwich mean time）	格林尼治时间	格林威治時間
gnomonic projection	球心投影,日晷投影	日晷投影
GNSS（=Global Navigation Satellite System）	全球导航卫星系统	全球導航衛星系統
GOOS（=Global Ocean Observation System）	全球海洋观测系统	全球海洋觀測系統
G-polygon	G 多边形	G-多邊形
GPS（=Global Positioning System）	全球定位系统	全球定位系統
GQL（=geographic query language）	地理查询语言	地理查詢語言
gradient	梯度	斜率
graduated color map	分级设色地图	分級設色地圖
graduated symbol map	分级符号地图	分級符號地圖
granularity	粒度	粒度

英　文　名	大　陆　名	台　湾　名
graph	图	圖
graphical user interface（GUI）	图形用户界面	圖形使用者介面
graphic component	图形组件	圖形組件
graphic database	图形数据库	圖形資料庫
graphic device interface（GDI）	图形设备接口	圖形設備介面
graphic display	图形显示	圖形顯示
graphic input unit	图形输入设备	圖形輸入單元
graphic interchange format（GIF）	GIF 格式,可交换图像 　数据格式	GIF 格式,可交換圖像 　資料格式
graphic manipulation	图形操作处理	圖形操作處理
graphic output unit	图形输出设备	圖形輸出單元
graphic overlay	图形叠置	圖形套疊
graphic presentation	图形表示［法］	圖形表示
graphic primitive	图形元素	圖形元素
graphic rectification	图形校正	圖形校正
graphics	图形	圖形
graphics accelerator	图形加速卡	圖形加速卡
graphics adapter	图形适配器	圖形介面卡
graphic scale	图形比例尺	圖形比例尺
graphics design system	图形设计系统	圖形設計系統
graphics display terminal	图形显示终端	圖形顯示終端機
graphics display unit	图形显示单元	圖形顯示單元
graphic sign	图形记号	圖形記號
graphics inquiry	图形查询	圖形查詢
graphics kernel system（GKS）	计算机图形核心系统	圖形核心系統
graphics language	图形语言	圖形語言
graphics mode	图形模式	圖形模式
graphics page	图形页面	圖形頁面
graphics resolution	图形分辨率	圖形解析度
graphics screen	图形屏幕	圖形螢幕
graphics software	图形软件	圖形軟體
graphics tablet	图形数字化板	圖形板
graphic superimposition（＝graphic over- lay）	图形叠置	圖形套疊
graphic symbol	图形符号	圖形符號
graphic terminal	图形终端	圖形終端機
graphic text	图形文本	圖形文字
graphic variable	图形变量	圖形變數

英　文　名	大　陆　名	台　湾　名
graticule	地理坐标网	地理網格
gravimeter	重力仪	重力儀
gravimetric geodesy	重力大地测量学	重力大地測量學
gravity model	重力模型	重力模型
gray model	灰度模式	灰度模式
grayscale	灰度,灰阶	灰階
grayscale map	灰度图	灰階地圖
great circle	大圆	大圓
Greenwich mean time（GMT）	格林尼治时间	格林威治時間
Greenwich meridian	格林尼治子午线	格林威治子午線
grid	格网,网格	網格
grid cell（＝cell）	格网单元	網格單元
grid coordinates	格网坐标	網格坐標
grid data	格网数据	網格資料
gridding	格网化	網格化
grid format	格网格式	網格格式
grid interval	格网间距	網格間距
grid map	格网地图	網格地圖
grid meridian	坐标网纵线	網格經線
grid/raster data	格网/栅格数据	網格資料
grid reference	格网参照	網格參考
grid resolution	格网分辨率	網格解析度
grid square	格网方阵	網格方陣
grid tick	格网标记	網格核對記號
grid to arc conversion	格网-弧段数据格式转换	網格-弧線[資料格式]轉換
grid to polygon conversion	格网-多边形数据格式转换	網格-多邊形資料格式轉換
ground control	地面控制	地面控制
ground control point（GCP）	地面控制点	地面控制點
ground receiving station	地面接收站	地面接收站
ground resolution	地面分辨率	地面解析度
GUI（＝graphical user interface）	图形用户界面	圖形使用者介面

H

英　文　名	大　陆　名	台　湾　名
hachure	晕渲	暈渲
halftone	半色调	半色調
halftone image	半色调影像	半色調影像
Hamiltonian circuit	哈密顿回路	哈密爾頓環線
Hamiltonian path	哈密顿路径	哈密爾頓路徑
hard copy	硬拷贝	硬式拷貝
hardware	硬件	硬體
hardware key	硬件钥	硬體鎖
hatch	晕线	暈線
hatching	绘晕线	繪暈線
HDDT（=high density digital tape）	高密度数字磁带	高密度數位磁帶
header file	头文件	標頭檔
header line	标题行	標題行
header record	头记录	檔頭記錄
heads-up digitizing	屏幕数字化	屏幕數字化
height（=altitude）	高度	高度
Helmert transformation	正形转换	正形轉換
heuristic rule	启发式法则	啟發式法則
heuristics	启发式方法	啟發式方法
hexadecimal	十六进制的	十六進位制的
hexadecimal notation	十六进制记数法	十六進位記數法
hexadecimal number	十六进制数	十六進位數
hidden attribute	隐含属性	隱含屬性
hidden line	隐藏线	隱藏線
hidden line removal	隐藏线消除	隱藏線消除
hidden variable	隐含变量	隱含變數
hierarchical computer network	层次计算机网络	階層式電腦網路
hierarchical database	层次数据库	階層式資料庫
hierarchical database structure	层次数据库结构	階層式資料庫結構
hierarchical data model	层次数据模型	階層式資料模型
hierarchical data structure	层次数据结构	階層式資料結構
hierarchical districts	层次分区	階層式分區
hierarchical file structure	层次文件结构	階層式檔案結構

英　文　名	大　陆　名	台　湾　名
hierarchical model	层次模型	階層式模型
hierarchical relationship	层次关系	階層式關係
hierarchical sequence	层次序列	階層式序列
hierarchical spatial relationship	层次空间关系	階層式空間相關
hierarchical storage	层次存储	階層式儲存
hierarchical structure	层次结构	階層式結構
hierarchization	层次化	階層化
hierarchy	分级	階層
high density digital tape（HDDT）	高密度数字磁带	高密度數位磁帶
high density diskette	高密磁盘	高密度磁片
high frequency emphasis filtering	高频增强滤波	高頻增強濾波
high-level language	高级语言	高階語言
highlighting	高亮显示	強調
high memory area	高位地址内存区	高層記憶體區段
high pass filter	高通滤波器	高通濾鏡
high pass filtering	高通滤波	高通濾波
high-performance workstation	高性能工作站	高性能工作站
hill shading	晕渲	暈渲
histogram	直方图	直方圖
histogram adjust	直方图调整	直方圖調整
histogram adjustment（＝histogram adjust）	直方图调整	直方圖調整
histogram equalization	直方图均衡化	直方圖等化
histogram linearization	直方图线性化	直方圖線性化
histogram match	直方图匹配	直方圖匹配
histogram normalization	直方图正态化	直方圖正規化
histogram specification	直方图规格化	直方圖規格化
historic record	历史记录	歷史記錄
history model	历史模型	歷史模型
hole	洞,孤立多边形	孤立多邊形
homolosine map projection	等积地图投影	等積地圖投影
horizon	地平线	地平線
horizontal angle	水平角	水平角
horizontal control	水平控制	水平控制
horizontal control datum	水平控制基准	水平控制基準
horizontal coordinate（＝planar coordinate）	平面坐标	平面坐標
horizontal integration	水平整合,横向整合	水平整合,橫向整合

英　文　名	大　陆　名	台　湾　名
host	宿主	宿主
hot link	热链接	熱鏈接
HTML（=hypertext markup language）	超文本链接置标语言,超文本链接标记语言	超文字連結置標語言
HTML viewer	超文本置标语言阅读器	超文字置標語言閱讀器
HTTP（=hypertext transfer protocol）	超文本传输协议	超文字轉換協定
hub	集线器	集線器
hue	色相	色相
Huffman code	霍夫曼编码	霍夫曼編碼
Huffman transformation	霍夫曼变换	霍夫曼轉換
human computer interaction	人机交互	人機互動
human computer interface	人机界面	人機介面
human geography（=cultural geography）	人文地理	文化地理
hybrid data structure	混合数据结构	混合資料結構
hydrographic datum	水文数据,水文基准	水文數據,水文基準
hydrographic survey	水文测量	水文測量
hydrology	水文学	水文學
hypergraph	超图	超圖形
hyperlink	超链接	超鏈結
hypermedia	超媒体	超媒體
hyperspectrum	高光谱,超光谱	高光譜,超光譜
hypertext	超文本	超文字
hypertext markup language（HTML）	超文本链接置标语言,超文本链接标记语言	超文字連結置標語言
hypertext transfer protocol（HTTP）	超文本传输协议	超文字轉換協定
hypsography	分层设色法	分層設色法
hypsometric map（=chorochromatic map）	分层设色图	分層設色圖
hypsometric tinting（=altitude tinting）	分层设色	分層設色
hypsometry	高程测量	高程測量

I

英　文　名	大　陆　名	台　湾　名
IAC（=inter-application communication）	应用程序间通信	應用程式間通訊
icon	图标	圖示
ID（=identification）	标识,识别	標識
identification（=identity）	标识,识别	標識
identifier	标识符	標識符

英　文　名	大　陆　名	台　湾　名
identity	标识,识别	標識
IDW (=inverse distance weighted)	反距离权重	反距離權重
IEC (=International Electrotechnical Committee)	国际电工委员会	世界電訊科技委員會
IEEE (=Institute of Electrical and Electronics Engineers)	[美国]电气与电子工程师学会	電子電機工程師協會
IFOV (=instantaneous field of view)	瞬时视场	瞬時視場
IGES (=International Graphics Exchange system)	国际图形交换系统	國際圖形交換系統
IGOS (=Integrated Global Observation System)	全球综合观测系统	整合型全球觀測系統
illumination function	光照分析函数	光影分析功能
image	影像,图像	影像
image analysis	图像分析	影像分析
image boundary	图像边缘	影像邊界
image catalog	图像目录	影像目錄
image classification	影像分类,图像分类	影像分類
image coding	图像编码	影像編碼
image compression	图像压缩	影像壓縮
image contrast	图像反差	影像對比
image coordinate	图像坐标	影像坐標
image correlation	图像相关	影像相關
image data	影像数据,图像数据	影像資料
image database	影像数据库,图像数据库	影像資料庫
image data collection	图像数据采集	影像資料蒐集
image data compression	图像[数据]压缩	影像資料壓縮
image data retrieval	图像数据检索	影像資料檢索
image data storage	图像数据存储	影像資料儲存
image degradation	图像退化	影像衰減
image directory (=image catalog)	图像目录	影像目錄
image display system	图像显示系统	影像顯示系統
image distortion	图像失真	影像失真
image enhancement	图像增强	影像增強
image feature	影像特征	影像特徵
image file	图像文件	影像檔案
image fusion	影像融合	影像融合
image interpretation	影像判读	影像判讀

英　文　名	大　陆　名	台　湾　名
image I/O system	图像输入输出系统	影像輸入輸出系統
image map（＝photomap）	影像地图	像片圖
image matching	图像匹配	影像匹配
image metadata	图像元数据	影像詮釋資料
image-motion compensation	像移补偿	像移補償
image processing	图像处理	影像處理
image processing facility	图像处理设备	影像處理設備
image processing system	图像处理系统	影像處理系統
image recognition	图像识别	影像識別
image rectification	图像校正	影像校正
image registration	图像配准	影像套合
image resolution	图像分辨率	影像解析度
image restoration	图像复原	影像回復
imagery（＝image）	影像，图像	影像
image scale	图像比例尺	影像比例尺
image segmentation	图像分割	影像分割
image server	图像服务器	影像伺服器
image service	图像服务	影像服務
image sharpening	图像锐化	影像銳利化
image sharpness	影像清晰度	影像清晰度
image smoothing	图像平滑	影像平滑化
image storage system	图像存储系统	影像儲存系統
image transformation	图像变换	影像轉換
imaging	成像	成像
imaging radar	成像雷达	成像雷達
imaging spectrometer	成像光谱仪	成像光譜儀
imaging system	成像系统	成像系統
impedance model	阻抗模型	阻力型態
implementation（＝execute）	执行，实现	實作
implementation specification	实现规范	實作規格
implementation view	实现视点	實作觀點
import	导入	載入
IMS（＝information management system）	信息管理系统	資訊管理系統
inclusion	包含	包含
index	①索引 ②指标	①索引 ②指標
index contour	计曲线	計曲線
indexed non-sequential file	非顺序索引文件	非循序索引檔
indexed sequential file	顺序索引文件	循序索引檔

英　文　名	大　陆　名	台　湾　名
index map	索引图	索引圖
index tile area	片式索引区	片式索引區
Indian Space Research Organization（ISRO）	印度空间研究组织	印度太空研究組織
industrial standard	工业标准	工業標準
informatics	信息学	資訊學
information	信息	資訊
information appliance	信息设备	資訊設備
information collection	信息采集	資訊蒐集
information community	信息社团	資訊社群
information contents	信息内容	資訊內容
information extraction	信息提取	資訊萃取
information format	信息格式	資訊格式
information fusion	信息融合	資訊融合
information management	信息管理	資訊管理
information management system（IMS）	信息管理系统	資訊管理系統
information rate	信息率	資訊速率
information resource dictionary system（IRDS）	信息资源字典系统	資訊資源字典系統
information resource management（IRM）	信息资源管理	資訊資源管理
information retrieval system	信息检索系统	資料檢索系統
information revolution	信息革命	資訊革命
information safety	信息安全	資訊安全
information science	信息科学	資訊科學
information security（＝information safety）	信息安全	資訊安全
information storage interface（ISI）	信息存储接口	訊息儲存介面
information structure	信息结构	資訊結構
information system	信息系统	資訊系統
information technology（IT）	信息技术	資訊技術
information theory	信息论	資訊理論
information viewpoint	信息视点	資訊觀點
infrared scanner	红外扫描仪	紅外掃描儀
inheritance	继承	繼承性
ink jet plotter	喷墨绘图仪	噴墨式繪圖機
input	输入	輸入，輸入的資料
input data	输入数据	輸入資料
input device	输入设备	輸入設備

英 文 名	大 陆 名	台 湾 名
input/output（I/O）	输入输出	輸入/輸出
inquiry（=query）	查询,检索	查詢,搜尋
insert	插入	插入
inset map	地图插图	插圖
instance	实例	實例
instantaneous field of view（IFOV）	瞬时视场	瞬時視場
instantiation	实例化	實例化
Institute of Electrical and Electronics Engineers（IEEE）	［美国］电气与电子工程师学会	電子電機工程師協會
integer	整型	整數
integrated database	集成数据库	整合資料庫
integrated database management system	集成数据库管理系统	整合式資料管理系統
integrated datalayer	集成数据层	整合式資料層
integrated feature data set	集成要素数据集	整合式圖徵資料集
integrated geographical information system	集成地理信息系统	整合式地理資訊系統
Integrated Global Observation System（IGOS）	全球综合观测系统	整合型全球觀測系統
integrated information system	集成信息系统	整合式資訊系統
integrated map（=composite map）	复合图	複合地圖
integrated services digital network（ISDN）	综合服务数字网	整體服務數位網路
integrated spatial system	集成空间信息系统	整合式空間［資訊］系統
integration	集成	整合
intelligent transportation system（ITS）	智能交通系统	智慧型運輸系統
intelligent workstation	智能工作站	智慧型工作站
interaction	交互	互動
interactive digitizing	交互式数字化	互動式數位化
interactive editing	交互式编辑	互動式編輯
interactive graphics	交互式制图	互動式製圖
interactive mode	交互模式	互動模式
interactive processing	交互式处理	互動式處理
interactive topology	交互式拓扑处理	互動式位相處理
interactive vectorization	交互式矢量化	互動式向量化
inter-application communication（IAC）	应用程序间通信	應用程式間通訊
interchange format	交换格式	交換格式
interface	接口,界面	介面
interface definition language	接口定义语言	介面定義語言
interior area	内部区域	内部區域

英 文 名	大 陆 名	台 湾 名
interior feature weight	内部要素权重	内部要素權重
intermediary	媒介	媒介
intermediate contour line	间曲线	間曲線
intermediate data	中间数据	中間資料
internal database file	内部数据库文件	内部資料庫檔
internal data model	内部数据模型	内部資料模型
internal data structure	内部数据结构	内部資料結構
International Date Line	国际日期变更线	國際換日線
International Electrotechnical Committee （IEC）	国际电工委员会	世界電訊科技委員會
international ellipsoid	国际椭球体	國際橢球體
International Graphics Exchange System （IGES）	国际图形交换系统	國際圖形交換系統
International Organization for Standardization （ISO）	国际标准化组织	國際標準組織
International Telegraph and Telephone Consultative Committee	国际电报电话咨询委员会	國際電話暨電話諮詢委員會
International Terrestrial Reference System （ITRS）	国际陆地参考系	國際陸地參考系統
internet	互联网	網際網路
Internet	因特网	網際網路
interoperability	互操作	互動作用性
interoperability program	互操作程序	互動作用程式
interoperability program report	互操作程序报告	互動作用程式報告
interpolation	内插	内插法
intersect	相交	交集
intersection	交集	交集
intervisibility function	通视分析功能	通視分析功能
intranet	内联网	内部網路
inverse cylindrical orthomorphic map projection	横圆柱正形地图投影	橫圓柱正形地圖投影
inverse distance weighted （IDW）	反距离权重	反距離權重
inverse fast Fourier transform	快速傅里叶反变换	快速傅利葉反轉換
invisible line （＝hidden line）	隐藏线	隱藏線
I/O （＝input/output）	输入输出	輸入/輸出
IP address	IP 地址	IP 地址
IRDS （＝information resource dictionary system）	信息资源字典系统	資訊資源字典系統

英　文　名	大　陆　名	台　湾　名
IRM（=information resource management）	信息资源管理	資訊資源管理
isarithmic line	等值线	等值線
isarithmic map	等值线图	等值線圖
ISDN（=integrated services digital network）	综合服务数字网	整體服務數位網路
ISI（=information storage interface）	信息存储接口	訊息儲存介面
island polygon	岛状多边形	島形多邊形
ISO（=International Organization for Standardization）	国际标准化组织	國際標準組織
isobar	等压线	等壓線
isobath	等深线	等深線
isolated contour line	孤立等高线	孤立的等高線
isometric line	等容线	等容線
isotherm	等温线	等溫線
isotropy	各向同性	等向性
ISRO（=Indian Space Research Organization）	印度空间研究组织	印度太空研究組織
IT（=information technology）	信息技术	資訊技術
item	项	項目
iterative procedure	迭代过程	疊代過程
ITRS（=International Terrestrial Reference System）	国际陆地参考系	國際陸地參考系統
ITS（=intelligent transportation system）	智能交通系统	智慧型運輸系統

J

英　文　名	大　陆　名	台　湾　名
Japanese Earth Resources Satellite（JERS）	日本地球资源卫星	日本地球資源衛星
Java database connectivity（JDBC）	Java 数据库互联	Java 資料庫連接
Java program language	Java 语言	Java 語言
JDBC（=Java database connectivity）	Java 开放式数据库互联	Java 資料庫連接
JERS（=Japanese Earth Resources Satellite）	日本地球资源卫星	日本地球資源衛星
join	连结	連結
joint photographic experts group format（JPEG）	JPEG 格式	JPEG 圖檔

英 文 名	大 陆 名	台 湾 名
journal file（=log file）	日志文件	日誌檔案
JPEG（=joint photographic experts group format）	JPEG 格式	JPEG 圖檔
junction	交叉点	交叉點

K

英 文 名	大 陆 名	台 湾 名
KB（=kilobyte）	千字节, 10^3 字节	千位元組
KBS（=knowledge base system）	知识库系统	知識庫系統
key attribute	主属性,关键属性	主屬性,關鍵屬性
keyboard shortcut	快捷键	快捷鍵
key entry	键盘输入	鍵盤輸入
key field	关键字段	主檔區
key identifier	关键标识符	關鍵識別字
key map（=overview map）	总图,一览图	總圖,一覽圖
key word	关键字	關鍵字
kilobyte（KB）	千字节, 10^3 字节	千位元組
kinematic positioning	动态定位	動態定位
knowledge base	知识库	知識庫
knowledge base system（KBS）	知识库系统	知識庫系統
Kriging	克里金法	克利金法

L

英 文 名	大 陆 名	台 湾 名
label	标注	標籤
label conflict	标记冲突	標籤衝突
labelling	加标注	邊籤置放
label point	标识点	標示點
lag	延迟	延遲
Lambert's conic conformal projection	兰勃特等角圆锥投影	蘭伯特正形圓錐投影
Lambert's equal-area meridional map projection	兰勃特等积方位投影	蘭伯特等積方位投影
LAN（=local area network）	局域网	區域網路
land attributes	土地属性	土地屬性
land cover	土地覆盖	土地覆蓋
land evaluation	土地评价	土地評價

英 文 名	大 陆 名	台 湾 名
landform（=terrain）	地形	地形
land information system（LIS）	土地信息系统	土地資訊系統
landmark	地标	地標
land parcel（=parcel）	宗地	宗地
landsat	陆地卫星	陸地衛星
landsat data products	陆地卫星数据产品	大地衛星資料產品
landsat MSS（=landsat multispectral scanner）	陆地卫星多光谱扫描仪	陸地衛星多光譜掃描器
landsat multispectral scanner	陆地卫星多光谱扫描仪	陸地衛星多光譜掃描器
landsat thematic mapper	陆地卫星专题制图仪	陸地衛星主題製圖儀
landsat TM（=landsat thematic mapper）	陆地卫星专题制图仪	陸地衛星主題製圖儀
landscape map	景观地图	景觀地圖
land terrier	地籍册	地籍冊
land type	土地类型	地類
land-type map	土地类型图	土地類型圖
land unit	土地单元	土地單元
landuse	土地利用	土地利用
landuse category	土地利用分类,土地利用类别	土地利用分類,土地利用類別
landuse data	土地利用数据	土地利用資料
landuse inventory	土地利用调查	土地使用調查
landuse map	土地利用图	土地利用圖
landuse planning	土地利用规划	土地利用規劃
landuse survey（=landuse inventory）	土地利用调查	土地使用調查
land utilization（=landuse）	土地利用	土地利用
land utilization map（=landuse map）	土地利用图	土地利用圖
large scale	大比例尺	大比例尺
laser plotter	激光绘图机	雷射繪圖機
laser printer	激光打印机	雷射印表機
late binding	后绑定	後綁定
latitude	纬度	緯度
latitude-longitude	经纬度	經緯度
latitude-longitude coordinate system	地理坐标系	經緯度坐標系統
latitude of center	中央纬线	中央緯線
latitude of origin	起始纬度	起始緯線
lattice	网点	方格網
layer（=coverage）	图层,[数据]覆盖区	圖層,資料覆蓋區
layered map visualization	分层地图可视化	圖層視覺化

英 文 名	大 陆 名	台 湾 名
layer file	层文件	圖層檔案
layer index	图层索引	圖層索引
layout	图面配置	圖面配置
layout view	版面视图	版面視圖
layover	[雷达影像]叠掩	疊掩
L-band	L 波段	L 波段
LBS（=location based service）	基于位置服务	定位服務
LDB（=logical database）	逻辑数据库	邏輯資料庫
leaf node	叶节点	葉節點
leaking polygon	不闭合多边形	漏隙多邊形
least-cost path	最小成本路径	最少成本路徑
least squares adjustment	最小二乘法调整	最小自乘平差法
least squares corrections	最小二乘法纠正	最小二乘法糾正
left-right topology	左右拓扑	左右位相
legend	图例	圖例
Lempel-Zif-Welch（LZW）	LZW 压缩算法	LZW 壓縮技術
level	层次	層次
leveling	水准	水準
level of confidence	置信水平	置信水平
level of detail（LOD）	层次细节模型	層次細節模型
level of significance	显着性水平	顯著性水平
level slicing	分段	分段
license	使用许可证	使用許可證
license file	使用许可文件	使用許可文件
lidar	激光雷达	激光雷達
limits	限制	限制
line	线	線
lineage	数据志	資料處理歷程, 資料誌
linear dimension	线性维	線性維度日
linear feature	线性要素	線性圖徵
linear reference system	线性参照系	線性參考系統
linear referencing	线性参考	線性參考
linear transformation	线性变换	線性轉換
linear unit	线性单元	線性單元
line connection	线连接	線連接
line coverage	线图层	線圖層
line driver	总线驱动器	線條驅動器
line element	线元素	線元素

英 文 名	大 陆 名	台 湾 名
line feature	线状要素	線狀圖徵
line generalization	线综合	線簡約化
line graph	线划图	線劃圖
line-in-polygon operation	多边形内线判断	線與多邊形疊合處理
line intersection	线段交叉	線條交會
line map	线划地图	線劃地圖
line mode	线模式	線數化模式
line of sight	视线	視線
line of sight map	视线地图,通视图	視線地圖
line-on-line overlay	线线层叠加	線圖層疊合
line-on-point overlay	点线层叠加	點線圖層疊合
line pattern	线型	線型
line simplification	线条简化	線條簡化
line smoothing	线光滑	線平滑化
line string	线串	線串
line symbol	线状符号	線符號
line thinning	线细化	細線化
line weight	线宽	線寬權重
link	链接	鏈結
link and node structure	连接线和结点结构	連結線和節點架構
link command	连接命令	連接命令
link lines	连接线	連接線
link tool	连接工具	連接工具
LIS (=land information system)	土地信息系统	土地資訊系統
load balance	负载平衡	負載平衡
load of map content	地图容量	地圖內容負載量
local analysis	局部分析	局部分析
local area network (LAN)	局域网	區域網路
local check method	局部检查方法	局部檢查方法
local coordinate system	地方坐标系	局部坐標系統
localization	定位	定位
location (=position)	位置	位置
location-allocation	位置配置	區位分配
locational reference	位置参照	位置參考
location-based service (=location dependent service)	基于位置服务	定位服務
location dependent service (LBS)	基于位置服务	定位服務
location error	位置误差	位置誤差

英　文　名	大　陆　名	台　湾　名
location service	位置服务	位置服務
locator	定位器	定位器
locking	锁定	鎖定
LOD（=level of detail）	层次细节模型	層次細節模型
log file	日志文件	日誌檔案
logic	逻辑	邏輯
logical consistency	逻辑一致性	邏輯一致性
logical database（LDB）	逻辑数据库	邏輯資料庫
logical data model	逻辑数据模型	邏輯資料模型
logical data structure	逻辑数据结构	邏輯資料結構
logical design	逻辑设计	邏輯設計
logical expression	逻辑表达	邏輯表達
logical network	逻辑网络	邏輯網路
logical operation	逻辑运算	邏輯運算
logical operator	逻辑算子	邏輯運算子
logical order	逻辑指令	邏輯指令
logical overlap	逻辑重叠	邏輯套疊
logical query	逻辑查询	邏輯查詢
logical record	逻辑记录	邏輯記錄
logical relationship	逻辑关系	邏輯關聯
logical selection	属性特征选择	屬性特徵選擇
logical storage structure	逻辑存储结构	邏輯儲存結構
logical unit	逻辑单元	邏輯單元
login	登录	登入
logon（=login）	登录	登入
longitude	经度	經度
longitude of center	中央经线	中央經線
longitude of origin	起始经度	起始經度
longitudinal tilt（=y-tilt）	航向倾斜	航向傾斜
long transaction	长事务处理	長交易處理,長交易處理
look-up table（LUT）	查找表	對照表
loose coupled service	松散耦合服务	鬆散連結服務
loose coupling	松散耦合	鬆散連結
lossless compression	无损压缩	無損壓縮
lossy compression	有损压缩	有損壓縮
lot	地块	［土地］區塊
low level language	低级编程语言	低階語言

英　文　名	大　陆　名	台　湾　名
low oblique photography	浅倾角像片	急傾斜像片
low pass filter	低通滤波器	低階濾鏡
low pass filtering	低通滤波	低通濾波
loxodrome	恒向线	恆向線
LUT（=look-up table）	查找表	對照表
LZW（=Lempel-Zif-Welch）	LZW 压缩算法	LZW 壓縮技術

M

英　文　名	大　陆　名	台　湾　名
machine encoding	机器编码	機械編碼
machine language	机器语言	機器語言
macro	宏	巨集
macro language	宏语言	巨集語言
macro programming	宏编程	巨集程式設計
magnetic declination	磁偏角	磁偏角
magnetometer	磁力仪	磁力計
magnifier window	放大镜窗口	放大鏡視窗
Mahalanobis distance	马氏距离	馬哈拉諾畢斯距離
maintenance license	维护许可	維護許可
maintenance renewal	维护更新	維護更新
major axis	主轴	主軸
management database	管理数据库	管理資料庫
management information system（MIS）	管理信息系统	管理資訊系統
manual digitizing	人工数字化	人工數位化
manual encoding	人工编码	人工編碼
manual interpretation	人工判读	人工判釋
manuscript map	原图,稿图	稿圖
many-to-many	多对多	多對多
many-to-many-relationship	多对多关系	多對多關係
many-to-one	多对一	多對一
many-to-one-relationship	多对一关系	多對一關係
map	地图	地圖
map accuracy	地图准确度,地图精度	地圖正確度
map adjustment	地图接边	地圖校正
map algebra	地图代数	地圖代數
map annotation	地图注记	文字置放
map border	图廓	圖廓

英　文　名	大　陆　名	台　湾　名
map cache	地图缓存	地圖緩存
map compilation	地图编绘	地圖編繪
map coverage	地图图层	圖層,資料層
map database	地图数据库	地圖資料庫
map data file	地图数据文件	地圖資料檔
map data retrieval	地图数据检索	地圖資料檢索
map decoration	地图整饰	地圖整飾
map design	地图设计	地圖設計
map digitizing	地图数字化	地圖數位化
map display	地图显示	地圖顯示
map distortion	地图变形	地圖變形
map distribution	地图分发,地图供应	地圖供應
map document	地图文件	地圖文件
map duplicate	地图复制	地圖複製
map editing	地图编辑	地圖編緝
map element	地图元素	地圖元素
map extent	图幅范围	地圖範圍
map generalization	地图综合	地圖縮編
map grid	地图格网	地圖網格
mapjoin	图幅拼接	地圖接合
map layout（=layout）	图面配置	圖面配置
map legend（=legend）	图例	圖例
map library	地图库	地圖庫
map limits	地图界限	地圖界限
map load	地图加载	地圖載入
map making	地图制图	製圖
map-making application software	制图应用软件	製圖應用軟體
map matching	地图匹配	地圖匹配
map nadir	图面底点	圖面底點
map name	图名	圖名
map origin	地图坐标原点	地圖坐標原點
map overlay	地图叠置	地圖套疊
map overlay analysis	地图叠置分析	地圖套置分析
mapping	测图	製圖
mapping accuracy	制图准确度	製圖準確度
mapping data interchange format（MDIF）	地图数据交换格式	地圖資料交換格式
map positional file	地图定位文件	地圖位置檔案
map printing	地图印刷	地圖印刷

英 文 名	大 陆 名	台 湾 名
map production	地图生产	地圖生產
map production system（MPS）	地图生产系统	地圖生產系統
map projection	地图投影	地圖投影
map projection classification	地图投影分类	地圖投影分類
map projection distortion	地图投影变形	地圖投影變形
map projection system	地图投影系统	地圖投影系統
map projection transformation	地图投影转换	地圖投影轉換
map query	地图查询	地圖查詢
map reproduction（=map duplicate）	地图复制	地圖複製
map revision	地图更新	地圖更新
map scale	地图比例尺	地圖比例尺
map series	地图系列	地圖系列
map server	地图服务器	地圖伺服器
mapsheet	图幅	圖幅
map specification	地图规范	製圖規範,地圖規格
map symbol	地图符号	地圖符號
map template	地图模板	地圖模板
map title（=map name）	图名	圖名
map topology	地图拓扑	地圖位相關系
map unit	制图单元	地圖單位
map web service	地图网络服务	地圖網路服務
margin	图边	圖邊
marginalia	图外说明注记	圖外說明註記
mass point	点群	點群
master plan（=general plan）	总体规划	綜合計畫
master site	主要站点	主要網站
match	匹配	匹配
match file	匹配文件	匹配檔案
matching（=match）	匹配	匹配
match key	匹配键	匹配鍵
match rules	匹配原则	匹配原則
mathematical expression	数学表达式	數學表達式
mathematical function	数学函数	數學函數
mathematical model	数学模型	數學模型
matrix	矩阵	矩陣
max extent	最大[覆盖]范围	最大[覆蓋]範圍
MB（=megabyte）	百万字节,兆字节,10^6字节	百萬位元組

英　文　名	大　陆　名	台　湾　名
MDIF（＝mapping data interchange format）	地图数据交换格式	地圖資料交換格式
mean sea level	平均海平面	平均海平面
measurement error	测量误差	量測誤差
measurement residual	测量残差	量測殘差
media	媒体	媒體
median	中值	中值
median filter	中值滤波器	中數濾波器,中數濾鏡
medium scale	中比例尺	中比例尺
megabyte（MB）	百万字节,兆字节,10^6字节	百萬位元組
MEGRIN（＝Multi-purpose European Ground Related Information Network）	多用途欧洲地面相关信息网络	多目標歐洲地面相關資訊網路
memory cache	内存缓存	記憶體暫存區
memory chip	存储芯片	記憶體晶片
memory leak	内存释放	記憶體釋放
memory management unit	内存管理单元	記憶體管理單元
menu	选单,菜单	選單,功能表
menu bar	选单条,菜单条	選單列
menu box	选单盒,菜单盒	選單盒
menu button	选单按钮,菜单按钮	選單按鈕
menu controlled program	选单控制程序,菜单控制程序	選單控制程式
menu item	选单项,菜单项	選單項目
Mercator projection	墨卡托投影	麥卡托投影
merge policy	合并策略	合併策略
meridian	子午线	子午圈
metadata	元数据	詮釋資料
metadata element	元数据元素	詮釋資料元素
metadata element dictionary	元数据元素字典	詮釋資料元素字典
metadata entity	元数据实体	詮釋資料實體
metadata explorer	元数据浏览器	詮釋資料瀏覽器
metadata profile	元数据专用标准	詮釋資料內容
metadata schema	元数据模式	詮釋資料模式
metadata section	元数据子集	詮釋資料項
metadata server	元数据服务器	詮釋資料伺服器
metadata service	元数据服务	詮釋資料服務
metadata set	元数据集	詮釋資料集

英 文 名	大 陆 名	台 湾 名
microfilm	缩微胶片	微膠片
minimum access time	最少访问时间,最少存取时间	最短存取時間
minimum bounding rectangle	最小外包矩形	最小外包矩形
minimum distance classification	最短距离分类	最短距離分類法
minimum mapping unit	最小制图单元	最小製圖單元
minimum map unit	最小地图单元	最小地圖單元
minimum path tracing algorithm	最短路径跟踪算法	最短路徑追蹤演算法
min/max scale	最小/最大比例尺	最小/最大比例尺
minor axis	短轴	短軸
MIS（=management information system）	管理信息系统	管理資訊系統
mixed list	混合列表	混合列表
mixed pixel	混合像元	混合像元
mode（=schema）	模式	模式
model	模型	模型
model builder	建模器	建模器
modeling	建模	建模
modeling language	建模语言	模型語言
model parameter	模型参数	模型參數
modular software	模块化软件	模組化軟體
module	模块	模組
monochromatic	单频	單頻
monochromatic image	单色影像	單色影像
morphology	形态学	形態學
Morton number	莫顿数	莫頓數
Morton order	莫顿排序	莫頓排序
mosaic	像片镶嵌	鑲嵌
mouse mode	鼠标模式	滑鼠模式
moving average filter	移动平均滤波器	移動平均濾鏡
MPS（=map production system）	地图生产系统	地圖生產系統
MSS（=multispectral scanner）	多光谱扫描仪,多谱段扫描仪	多光譜掃描器
multi-band photography（=multispectral photography）	多光谱摄影	多光譜攝影
multichannel receiver	①多波段接受器 ②多通道接受器	①多波段接受器 ②多通道接受器
multi-dimensional data	多维数据	多維資料
multimedia	多媒体	多媒體

英　文　名	大　陆　名	台　湾　名
multimedia GIS	多媒体 GIS	多媒體 GIS
multimedia relational database	多媒体关系数据库	多媒體關聯資料庫
multimedia relational database management system	多媒体关系数据库管理系统	多媒體關聯資料庫管理系統
multimedia system	多媒体系统	多媒體系統
multimodal network	多模式网络	多模式網路
multiple centroids	多质心	多重形心
multiple regression	多重回归,多元回归	多重回歸
multipoint	多点	多點
multipoint feature	多点要素	多點圖徵
multi-purpose cadastre	多用途地籍图	多目標地籍圖
Multi-purpose European Ground Related Information Network (MEGRIN)	多用途欧洲地面相关信息网络	多目標歐洲地面相關資訊網路
multispectral data set	多光谱数据集	多光譜資料集
multispectral photography	多光谱摄影	多光譜攝影
multispectral scanner (MSS)	多光谱扫描仪,多谱段扫描仪	多光譜掃描器
multispectrum	多光谱	多光譜
multi-temporal data set	多时相数据集	多時段資料集
multi-temporal remote sensing	多时相遥感	多日期遙測
multi-user	多用户	多使用者
multi-user geodatabase	多用户数据库	多使用者地理資料庫
multi-user operating system	多用户操作系统	多使用者操作系統

N

英　文　名	大　陆　名	台　湾　名
NAD (=North American Datum)	北美基准	北美基準面
nadir	天底	天底
National Center for Geographic Information and Analysis (NCGIA)	[美国]国家地理信息与分析中心	美國國家地理資訊與分析中心
National Committee for Digital Cartographic Data Standards (NCDCDS)	美国国家数值地图数据标准委员会	美國國家數值地圖資料標準委員會
National Digital Cartographic Database (NDCDB)	[美国]国家数字地图数据库	[美國]國家數字地圖資料庫
National Geographic Information System (NGIS)	国家地理信息系统	國土資訊系統
National Geographic Information System	国家地理信息系统指导	國土資訊系統推動小組

英 文 名	大 陆 名	台 湾 名
Steering Committee（NGISSC）	委员会	
National Geospatial Database（NGD）	［英国］国家地理空间 数据库	英國國家地理空間資料 庫
National Grid	［英国］国家格网	英國國家網格系統
National Information Infrastructure（NII）	［美国］国家信息基础 设施	美國國家資訊基礎
National Institute of Standards and Technology（NIST）	［美国］国家标准及技 术协会	美國國家標準及技術協 會
National Land Information Service（NLIS）	［英国］国家土地信息 服务	英國國家土地資訊服務
National Land Survey of Finland	［芬兰］国家土地调查 局	芬蘭國家土地調查局
National Oceanic and Atmospheric Administration（NOAA）	美国国家海洋大气局	美國國家海洋及大氣總 署
National Spatial Data Infrastructure（NSDI）	国家空间数据基础设施	國家空間資料基礎建設
national transfer format（NTF）	国家转换格式	國家轉換格式
natural language	自然语言	自然語言
natural neighbor	自然邻域	自然鄰域
navigation	导航	導航
navigation service	导航服务	航行服務
navigation system timing and ranging（NAVSTAR）	时距导航系统	時距導航系統
NAVSTAR（＝navigation system timing and ranging）	时距导航系统	時距導航系統
NCDCDS（＝National Committee for Digital Cartographic Data Standards）	美国国家数值地图数据 标准委员会	美國國家數值地圖資料 標準委員會
NCGIA（＝National Center for Geographic Information and Analysis）	［美国］国家地理信息 与分析中心	美國國家地理資訊與分 析中心
NDCDB（＝National Digital Cartographic Database）	［美国］国家数字地图 数据库	［美國］國家數字地圖 資料庫
nearest neighbor resampling	最邻近重采样	最鄰近重採樣
near infrared	近红外	近紅外光
neat line	内图廓线	圖框線
negative photograph	负片	負像片
neighborhood analysis	邻域分析	鄰域分析
neighborhood function	邻域函数	鄰域函數
neighborhood statistics	邻域统计	鄰域統計

英 文 名	大 陆 名	台 湾 名
network	网络	網路
network analysis	网络分析	網路分析
network analysis layer	网络分析层	網路分析層
network ancillary role	网络附属元素	網路附屬元素
network attribute	网络属性	網路屬性
network data	网络数据	網路資料
network database	网络数据库	網路資料庫
network data model	网状数据模型	網路資料模式
network data set	网络数据集	網路資料集
network element	网络元素	網路元素
network feature	网络要素	網路要素
network file system（NFS）	网络文件系统	網路檔案系統
network GIS	网络地理信息系统	網路地理資訊系統
network layer	网络层	網路圖層
network links	网络链接	網路連結線
network model	网络模型	網路模型
network node	网络节点	網路節點
network protocol	网络协议	網路協定
network structure	网络结构	網路結構
network topology	网络拓扑	網路位相學
network trace	网络追踪	網路追蹤
neutral network	神经网络	類神經網路
NF（=normal form）	范式	正規形式
2NF（=second normal form）	第二范式	第二級正規劃
NFS（=network file system）	网络文件系统	網路檔案系統
NGD（=National Geospatial Database）	［英国］国家地理空间数据库	英國國家地理空間資料庫
NGIS（=National Geographic Information System）	国家地理信息系统	國土資訊系統
NGISSC（=National Geographic Information System Steering Committee）	国家地理信息系统指导委员会	國土資訊系統推動小組
NGO（=non-governmental organization）	非政府组织	非政府組織
NII（=National Information Infrastructure）	［美国］国家信息基础设施	美國國家資訊基礎
NIST（=National Institute of Standards and Technology）	［美国］国家标准及技术协会	美國國家標準及技術協會
NLIS（=National Land Information Ser-	［英国］国家土地信息	英國國家土地資訊服務

英 文 名	大 陆 名	台 湾 名
vice）	服务	
NOAA（＝National oceanic and Atmospheric Administration）	美国国家海洋大气局	美國國家海洋及大氣總署
node	节点	節點
node snap	节点捕捉	節點抓取
noise	噪声	雜訊
non-geographic information	非地理信息	非地理資訊
non-governmental organization（NGO）	非政府组织	非政府組織
non-graphic attribute data	非图形属性数据	非圖形屬性資料
non-graphic data	非图形数据	非圖形資料
non-semantic information	非语义信息	非語義資訊
non-spatial data	非空间数据	非空間資料
non-stationarity	非不变性	非不變性
normal distribution	正态分布	常態分佈
normal form（NF）	范式	正規形式
normalization	规范化	正規化
normal probability distribution	正态概率分布	常態概率分佈
normal template	标准模板	標準模板
North American Datum（NAD）	北美基准	北美基準面
north arrow	指北针	指北針
north magnetic pole	磁北极	磁北極
NSDI（＝National Spatial Data Infrastructure）	国家空间数据基础设施	國家空間資料基礎建設
NTF（＝national transfer format）	国家转换格式	國家轉換格式
null value	空值	無值

O

英 文 名	大 陆 名	台 湾 名
object	①对象 ②目标	①物件 ②目標
object class	对象类	物件類別
object code	目标代码	目的碼
object definition language	对象定义语言	物件定義語言
object library	对象库	物件庫
object linking and embedding（OLE）	对象链接和嵌入	物件連結與嵌入
object model diagram	对象模型图	物件模型圖
object-oriented database（OODB）	面向对象数据库	物件導向資料庫
object-oriented database management sys-	面向对象数据库管理系	物件導向資料庫管理系

英　文　名	大　陆　名	台　湾　名
tem（OODBMS）	统	统
object-oriented programming（OOP）	面向对象程序设计	物件導向程式設計
object-oriented programming language（OOPL）	面向对象程序设计语言	物件導向程式語言
object-oriented programming system（OOPS）	面向对象程序设计系统	物件導向程式系統
object-oriented relational database	面向对象关系数据库	物件導向關聯式資料庫
object pooling	对象池技术	物件池
object program	目标程序	物件程式
object spectrum characteristic	地物波谱特性	物件光譜特性
object technology	对象技术	物件技術
object type	目标类型	物件類型
oblate ellipsoid	扁椭球	扁橢球
oblique photograph	倾斜摄影	傾斜攝影
oblique projection	倾斜投影,斜轴投影	傾斜投影
observation domain model	观测领域模式	觀測領域模式
observation model	观测模式	觀測模式
observation point	观测点	觀測點
observer	观测仪	觀測儀
observer offset	观测位移	觀測位移
octal code	八进制码	八進製碼
octal notation	八进制记数法	八進位記數法
octree	八叉树	八元樹
ODBC（=open database connectivity）	开放数据库互联	開放式資料庫傳輸
off-line	离线	離線
off-nadir	偏离天底角	偏離天底角
offset	位移,偏移量	位移,偏移量
OGC（=Open GIS Consortium）	开放地理信息系统协会	開放式地理資訊系統協會
OGIS（=open geodata interoperability specification）	开放性地理数据互操作规范	開放式地理資料相互操作規範
OLE（=object linking and embedding）	对象链接和嵌入	物件連結與嵌入
omission error	遗漏性误差	遺漏誤差
on-demand cache	随机高速缓存	隨取暫存區
one-dimensional datum	一维基准	一維基準面
one-to-many	一对多	一對多
one-to-many relationship	一对多关系	一對多關係
on-line	在线	連線

英 文 名	大 陆 名	台 湾 名
on-line access	在线存取	線上存取
on-line help	在线帮助	線上說明
on-line query	在线查询	線上查詢
OODB（＝object-oriented database）	面向对象数据库	物件導向資料庫
OODBMS（＝object-oriented database management system）	面向对象数据库管理系统	物件導向資料庫管理系统
OOP（＝object-oriented programming）	面向对象程序设计	物件導向程式設計
OOPL（＝object-oriented programming language）	面向对象程序设计语言	物件導向程式語言
OOPS（＝object-oriented programming system）	面向对象程序设计系统	物件導向程式系统
open database connectivity（ODBC）	开放数据库互联	開放式資料庫傳輸
open geodata interoperability specification（OGIS）	开放性地理数据互操作规范	開放式地理資料相互操作規範
open geographic information system	开放式地理信息系统	開放式地理資訊系统
Open GIS（＝open geographic information system）	开放式地理信息系统	開放式地理資訊系统
open GIS abstract specification	开放式地理信息系统抽象规范	開放式地理資訊系统純理論規格
Open GIS Consortium（OGC）	开放地理信息系统协会	開放式地理資訊系统協會
open GIS core services	开放式地理信息系统核心服务	開放式地理資訊系统核心服務
open GIS implementation specification	开放式地理信息系统实现规范	開放式地理資訊服務實施規格
open GIS reference model（ORM）	开放式地理信息系统参考模型	開放式地理資訊系统参考模式
open interface	开放式界面	開放式介面
open location services	开放式定位服务	開放式定位服務
OpenLS（＝open location services）	开放式定位服务	開放式定位服務
open platform	开放式平台	開放式平台
open source	开放源码	開放原始碼
open system	开放式系统	開放式系统
open system environment（OSE）	开放系统环境	開放式系统環境
open systems interconnection（OSI）	开放系统互联	開放式系统互連
operand	操作对象	運算對象
operating system（OS）	操作系统	作業系统
operation	操作	操作

英　文　名	大　陆　名	台　湾　名
operation code	操作代码	操作代碼
operator	操作员	操作員
operator precedence	操作优先权	操作優先權
optical disk	光盘	光碟
optical scanner	光学扫描仪	光學掃描機
ordinal	有序的	級序的
ordinal data	顺序数据	級序的資料
ordinal reference system	有序参照系	級序參考系統
ordinal time scale	有序时间标度	級序時間尺度
ordinary Kriging	普通克里金法	普通克利金法
ordinate	纵坐标	縱坐標
orientation	方向	方向
origin	原点	原點,起源地
ORM（＝open GIS reference model）	开放式地理信息系统参考模型	開放式地理資訊系統參考模式
orthocorrection	正射纠正	正射糾正
orthodrome	大圆航线	大圓圈線
orthogonal offset	正射偏移,正交偏移	正射偏移,正交偏移
orthographic projection	正射投影	正射投影
orthographic view	正射视图	正射視圖
orthophoto	正射像片图	正射像片圖
orthophotograph	正射像片	正射像片
orthophotoquad	正射影像图	正射像片地圖
orthophotoscope	正射投影纠正仪	正射投影糾正儀
orthorectification（＝orthocorrection）	正射纠正	正射糾正
OS（＝operating system）	操作系统	作業系統
OSE（＝open system environment）	开放系统环境	開放式系統環境
OSI（＝open systems interconnection）	开放系统互联	開放式系統互連
outbound interface	输出接口	輸出接口
out file	输出文件	輸出文件
outlier	异常值	超出值
outline	轮廓	輪廓
outline map	填充地图	輪廓地圖
outline vectorization	轮廓矢量化	輪廓矢量化
out-of-date	过期	過期
output	输出	輸出
output data	输出数据	輸出資料
output directory	输出目录	輸出目錄

英　文　名	大　陆　名	台　湾　名
overflow	溢出	溢出
overflow list	溢出列表	溢出列表
overlaid polygon	重叠多边形	重疊多邊形
overlap	重叠	重疊
overlapping pair	重叠像对	重疊像對
overlapping rings	重叠环	重疊環
overlay	①叠加 ②覆盖	①疊合 ②覆蓋
overlay analysis	叠加分析	套疊分析
overlay operation	叠加操作	重疊處理
overprinting	叠印	疊印
overshoot	过伸	超搭
overview map	总图,一览图	總圖,一覽圖
overview window	窗口视图,全景视图	一覽圖視窗

P

英　文　名	大　陆　名	台　湾　名
package	包	封包
page description language（=postscript）	页面描述语言	頁面描述語言
page reader	页面阅读器	頁面閱讀器
page units	页面单位	頁面單位
pan	平移	平移
paneled map	面板图	面板圖
panning（=pan）	平移	平移
parallax	视差	視差
parallel	平行线	緯線
parallel communication	并行通信	並聯通訊
parallel processing	并行处理	並聯處理
parallel processor	并行处理器	並聯處理器
parameter	参数	參數
parameter estimation	参数估计	參數估計
parametric curve	参数曲线	參數曲線
parcel	宗地	宗地
parcel identification number	宗地识别码	宗地識別號碼
parcel map（=cadastral plan）	宗地图	宗地圖
parent node	父节点	父節點
parity	奇偶性	奇偶性
parsing parameter	分解参数	分解參數

英 文 名	大 陆 名	台 湾 名
partial address support	局部地址支持	局部位址支持
partial cache	局部高速缓存	局部高速缓存
partition	分割	分割
passive remote sensing	被动遥感	被動式遙測
passive sensor	被动[式]传感器	被動式感測器
pass verdict	通过判定	通行判定
password	密码,口令	密碼
patch	图斑	局部增補
path	路线	路線
path distance analysis	路线–距离分析	路線–距離分析
pathfinding	路线查找	路線查找
path-finding	路径搜索	路徑搜索
path label	路线标志	路線標誌
pattern	①图样 ②模式	①圖樣,形式 ②模式
pattern-action sequence	模式–动作序列	模式–動作序列
pattern class	模式类别	模式類別
pattern file	范本文件	範本文件
pattern recognition	模式识别	圖型辨識,圖樣識別
pattern rule	模式规则	模式規則
PB（＝petabyte）	千万亿字节,拍[它]字节,10^{15}字节	千兆位元組
P code（＝precise code）	精码	精碼
PDF（＝portable document format）	可移植文档格式	可攜式文件格式
peak	峰,山顶	峰頂
Peano curve	佩亚诺曲线	皮亞諾曲線
pen plotter	笔式绘图机	筆式繪圖機
percentage correctly classified	分类正确率	分類正確率
percent slope	斜率	斜率
performance	性能	性能
perigee	近地点	近地點
peripheral device	外围设备	週邊設備
permanent data set	永久数据集	永久資料集
permanent license	永久许可证	永久許可證
persistence	持续性	持續性
persistent lock	持续性锁定	持續性鎖定
personal geodatabase	个人地理数据库	個人地理資料庫
perspective	透视	透視
perspective view	透视视图	透視圖祈

英　文　名	大　陆　名	台　湾　名
petabyte（PB）	千万亿字节,拍[它]字节,10^{15}字节	千兆位元组
photo basemap	像片底图	像片基本圖
photogeology	摄影地质学	攝影地質學
photogrammetric digitizing	摄影测量数字化	航空測量數位化
photogrammetric mapping	摄影测量制图	攝影測量製圖
photogrammetry	摄影测量学	航空測量學
photograph	像片	像片
photomap	影像地图	像片圖
photometer	光度计,曝光计	光度計,曝光計
physical geography	自然地理学	自然地理
physical network	实体网络	實體網路
picture element（=pixel）	像元,像素	像元,像素
picture fill	填充图像	填充圖像
pilot project	先导计划	領航計畫
PIN（=parcel identification number）	宗地识别码	宗地識別號碼
pixel	像元,像素	像元,像素
pixel coordinate system	像素坐标系统	像素坐標系統
planar coordinate	平面坐标	平面坐標
planar projection	平面投影	平面投影
plane survey	平面测量	平面測量
plane transformation（=planimetric shift）	平面转换	平面轉換
planimetric base	平面控制基线	平面控制基線
planimetric map	平面图	平面圖
planimetric shift	平面转换	平面轉換
platform	平台	平台
platform independent	独立平台	獨立平台
playback mode	重放模式	重放模式
playback window	重放窗口	重放視窗
plot	绘图	繪圖
plotter	绘图仪	繪圖機
plotting primitives	绘图基元	繪圖基元
plug-in	插件	插件
plug-in data source	插入数据源	插入資料源
plumb line	铅垂线	鉛垂線
PMC（=project and map sheet catalog）	投影与地图表目录	投影與地圖表目錄
PNG（=portable network graphic format）	可移植的网络图像格式	PNG 點陣圖檔
POI（=points of interest）	关注点	關註點

英 文 名	大 陆 名	台 湾 名
point	点	點
point and coordinate analysis	点与坐标分析	點與坐標分析
point cluster (=mass point)	点群	點群
point collision	点冲突	點衝突
point coverage	点图层	點圖層
pointer	指针	指標
point event	点事件	點事件
point feature	点要素	點要素
point identifier field	点标识符字段	點標識符字段
point-in-polygon operation	多边形内点判断	點與多邊形疊合處理
point-in-polygon overlay	点在多边形中叠加	點在多邊形中疊加
point mode	点模式	點數化模式
point mode digitizing	点模式数字化	點模式數位化
point name flag	点名称注记	點名稱註記
point name prefix	点名称前缀	點名稱前綴
points of interest (POI)	关注点	關註點
points of interest manager web service	兴趣点管理器网络服务	興趣點管理器網路服務
point symbol	点状符号	點符號
polar aspect	极位	極位
polar coordinate system	极坐标系统	極坐標系統
polar orbit	极轨	極軌
polar radius	极半径	極半徑
polyconic projection	多圆锥投影	多圓錐投影
polygon	多边形	多邊形
polygon-arc topology	多边形–弧段拓扑	多邊形–弧段拓撲
polygon coverage	多边形图层	多邊型圖層
polygon feature	多边形要素	多邊形要素
polygonization	多边形化	多邊形化
polygon overlay	多边形叠加	多邊形疊合
polygon retrieval	多边形检索	多邊形擷取
polyhedric projection	多面体投影	多面體投影
polyhedron	多面体	多面體
polyline	折线	線
polyline feature	折线要素	折線要素
polymorphism	多形态性	多形態性
pop-up window	弹出式窗口	跳出式視窗
portable document format (PDF)	可移植文档格式	可攜式文件格式
portable network graphic format (PNG)	可移植的网络图像格式	PNG 點陣圖檔

英　文　名	大　陆　名	台　湾　名
portal	门户网站	入口網站
port number	端口数	端口數
portrayal	[图示]表达	描繪
portrayal service	[图示]表达服务	描繪服務
position	位置	位置
positional accuracy	位置准确度,位置精度	位置準確度
positional reference system	定位参照系	定位參考系統
position error	定位误差	定位誤差
positioning（＝localization）	定位	定位
positioning system	定位系统	定位系統
post	标桩	標樁
postcode	邮政编码	郵遞區號
postscript	页面描述语言	頁面描述語言
power	电源	電源
precise code	精码	精碼
precision	精度	精確度
precision processing	精处理	精確處理
prefix	前缀	前綴
prefix value	前置值	前置值
preliminary topology	初始拓扑	初始拓撲
preprocessed cache	预处理缓冲区	預處理緩衝區
pre-processing	预处理	預處理
preview	预览	預覽
primary color	原色	原光/原色
primary key	主关键字	主鍵
primary reference data	主参考数据	主參考資料
primary table	主表	主表
prime meridian	本初子午线	本初子午線
prime vertical	卯酉圈	卯酉圈
primitive	基元	基元,元素
principal scale	主比例尺	主比例尺
printer（PRN）	打印机	印表機,打印機
private virtual server	私有虚拟服务器	私有虛擬服務器
privilege	特权,使用权	使用權
PRN（＝①printer ②pseudo-random noise）	①打印机 ②伪随机噪声	①印表機,打印機 ②偽隨機噪聲
process	过程	過程
processing	处理	處理

英 文 名	大 陆 名	台 湾 名
product specification	产品规范	産品規格
profile	①地形剖面 ②剖面 ③专用标准	①地形剖面 ②剖面 ③專用標準
ProgID	程序标识码	程式標識碼
program	程序	程式
project	工程	工程
project and map sheet catalog（PMC）	投影与地图表目录	投影與地圖表目錄
project data	①工程数据 ②投影数据	①工程資料 ②投影資料
projected coordinates	投影坐标	投影坐標
projected coordinate system	投影坐标系	投影坐標系
project folder	工程文件夹	工程文件夾
projection	投影	投影
projection transformation	投影转换	投影轉換
project lock	投影锁	投影鎖
project repair	投影修改	投影修改
proof plot	打样图	校驗繪圖
property page	属性页	屬性頁
protocol	协议	協定
prototype	原型	原型
prototyping（=prototype）	原型	原型
proximity	邻近度	鄰近度
proximity analysis	邻近分析	鄰近分析
proximity polygon	邻近多边形	鄰近多邊形
proximity query	邻近查询	鄰近查詢
proximity web service	邻近网络服务	鄰近網路服務
proxy object	代理对象	代理對象
pruning	删减	刪減
pseudocolor（=false color）	假彩色,伪彩色	假彩色,虛擬色
pseudocolor enhancement	假彩色增强	假色增強
pseudocolor transform	假彩色转换	假色轉換
pseudo node	伪节点	假節點
pseudo polygon	伪多边形	虛擬多邊形
pseudo-random noise（PRN）	伪随机噪声	偽隨機噪聲
pseudoscopic view	反视立体图	立體反視圖
public land survey system	公共土地测量系统	公共土地測量系統
public virtual server	公共虚拟服务	公共虛擬服務
publish	颁布	頒佈
published map file	出版用地图文件	出版用地圖文件

英　文　名	大　陆　名	台　湾　名
pull-down menu	下拉选单	下拉選單
pushbroom scanner	推扫式扫描仪	推掃掃描儀
pyramid	金字塔	金字塔

Q

英　文　名	大　陆　名	台　湾　名
Q-tree（=quadtree）	四叉树	四元樹
quadrangle	四边形	四邊形
quadrant	象限	四分圓區域
quadtree	四叉树	四元樹
qualitative	定性的	定性的
quality beta	质量测试版	品質測試版
quality control	质量控制	品質控制
quality element	质量元素	品質元素
quality schema	质量模式	品質模式
quantile classification	分位数分类	分位數分類
query	查询,检索	查詢,搜尋
query expression	查询表达式	查詢表達式
query interface	查询界面	查詢介面
query language	查询语言	查詢語言
query server	查询服务器	查詢服務器
query web service	查询网络服务	查詢網路服務
query window	查询窗口	查詢視窗
queue	队列	佇列
quick look	快视	快速瀏覽

R

英　文　名	大　陆　名	台　湾　名
radar altimeter	雷达测高仪	雷達測高儀
radian	弧度	弧度
radiation	辐射	輻射
radio detecting and ranging	雷达	雷達
radiometer	辐射计	輻射計
radiometric resolution	辐射分辨率	輻射解析度
radiometric sensitivity	辐射灵敏度	輻射感應度
random access	随机访问	隨機存取

英　文　名	大　陆　名	台　湾　名
random sampling	随机抽样	隨機抽樣
rank	秩	秩
raster	栅格	網格
raster data	栅格数据	網格資料
raster database	栅格数据库	網格資料庫
raster data format	栅格数据格式	網格資料格式
raster data model	栅格数据模型	網格資料模式
raster data set	栅格数据集	網格資料集
raster data structure	栅格数据结构	網格資料結構
raster intersection	栅格交集	網格交集
rasterization	栅格化	網格化
rasterized feature layer	栅格要素层	網格圖徵層
raster layer	栅格[数据]层	網格圖層
raster map	栅格地图	網格式地圖
raster postprocessing	栅格后处理	網格後處理
raster preprocessing	栅格预处理	網格預處理
raster scan	栅格扫描	網格掃描
raster-to-vector conversion	栅格–矢量转换	網格–向量轉換
raster tracing	栅格追踪	網格追蹤
ray tracing	光线跟踪	光線追蹤
RDBMS（=relational database management system）	关系数据库管理系统	關聯式資料庫管理系統
real time	实时	即時
real-time data	实时数据	即時資料
real-time mode	实时模式	即時模式
real-time positioning	实时定位	即時定位
real-time system	实时系统	即時系統
real world phenomenon	现实世界现象	真實世界現象
reclassification	重分类	重分類
record	记录	記錄
rectification	纠正	糾正
recursion	递归	遞迴
red green blue（=tricolor）	三原色	紅綠藍彩色值
reduced instruction set computer（RISC）	精简指令集[计算机]	精簡指令集[電腦]
redundancy	冗余	多餘
re-entrant polygon（=concave polygon）	凹多边形	凹多邊形
reference	参照,参考	參照,參考
reference data	参考数据	參考資料

英　文　名	大　陆　名	台　湾　名
reference data source	参考数据源	參考資料來源
reference datum	参照基准	參照基準
reference ellipsoid	参考椭球	參考橢球體
reference file	参考文件	參考文件
reference map	参考地图	參考地圖
reference model	参考模型	參考模式
reference model for open distributed processing (RM-ODP)	开放分布式处理参考模型	開放分散式處理的參考模型
reference point	参照点	參照點
reference scale	参考比例尺	參考比例尺
reference system	参照系	參照系
referential integrity	参照完整性	參照完整性
reflectance	反射系数,反射率	反射率
refresh	刷新	圖形重繪
refresh graphics	图形刷新	更新圖形
region	区域	地域
regional spatial data infrastructure (RSDI)	地区空间数据基础设施	區域空間資料基礎建設
register of geodetic points	大地控制点登记簿	大地控制點登記冊
register of land	土地登记簿	土地登記冊
registration	配准	對位
registry model	注册模型	註冊模式
registry object	注册对象	註冊物件
registry services	注册服务	註冊服務
related object	关联对象	關聯對象
relate key	关联键	關聯鍵
relate manager	关系管理	關係管理
relation	关系	關係
relational algebra	关系代数	關聯式代數
relational database	关系数据库	關聯性資料庫
relational database management system (RDBMS)	关系数据库管理系统	關聯式資料庫管理系統
relational join	关系连接	關聯性連結
relational operator	关系操作符,关系算子	關係操作
relationship (=relation)	关系	關係
relationship class	关系类	關係類
relative accuracy	相对准确度	相對準確度
relative coordinate	相对坐标	相對坐標
relative path	相对路径	相對路徑

英 文 名	大 陆 名	台 湾 名
relative positioning	相对定位	相對定位
reliability diagram	可靠性示意图	圖料精度表
relief displacement	高差位移,投影差	高差位移
relief map	①地势图 ②立体图,晕渲图	①高程圖 ②起伏地圖
relief model (=terrain model)	地形模型	地形模型
rematching	重匹配	重匹配
remote communication	远程通信	遠距通訊
remote procedure call (RPC)	远程程序调用	遠端程序呼叫
remote sensing	遥感	遙感探測
remote sensing image processing	遥感图像处理	遙感探測影像處理
remote-sensing imagery	遥感影像	遙測影像
renderer	渲染器	渲染器
rendering	渲染	轉譯
repeatability	可重复性	可重複性
request	请求	要求
resampling	重采样	重新取樣
reserved word	保留字	保留字
resolution	分辨率	解析度
resolution merging	分辨率融合	解析度融合
response	响应	回應
response time	响应时间	回應時間
restore	恢复	復原
restriction	约束	約束,限制
reverse floating position specifier	移动位置逆向识别	移動位置逆向識別
reverse geocoder service	反定位服务	反定位服務
reverse geocoding	逆向地理编码	逆向地理編碼
RGB (=red green blue)	三原色	紅綠藍彩色值
RGB monitor	彩色监视器	彩色監視器,紅-綠-藍三色監視器
rhumb line	等角航线	大圓圈線
ridge	山脊	山脊
ridge-line	山脊线	山脊線
ring	环	環
RISC (=reduced instruction set computer)	精简指令集[计算机]	精簡指令集[電腦]
RM-ODP (=reference model for open distributed processing)	开放分布式处理参考模型	開放分散式處理的參考模型

英　文　名	大　陆　名	台　湾　名
roam（=tour）	漫游	漫遊,旅程
rollback	反转	返回
root mean square error	均方差,中误差	平均方根誤差
root node	根节点	根節點
route	路径	路徑
route analysis	路径分析	路徑分析
route event	路径事件	路徑事件
route event source	路径事件源	路徑事件源
route event table	路径事件表	路徑事件表
route finder web service	路径查找网络服务	路徑查找網路服務
route identifier	路径标识	路徑標識
route location	路径位置	路徑位置
route measure	路径测量	路徑測量
route measure anomalies	路径测量异常	路徑測量異常
route reference	路径参考	路徑參考
route server	路径服务器	路徑服務器
route service	路径服务	路徑服務
row	行	列
RPC（=remote procedure call）	远程程序调用	遠端程序呼叫
RSDI（=regional spatial data infrastruc-ture）	地区空间数据基础设施	區域空間資料基礎建設
rubber banding（=rubber sheeting）	橡皮拉伸	橡皮伸縮
rubber sheeting	橡皮拉伸	橡皮伸縮
rule base	规则库	規則庫
run-length coding	游程编码	連續均值編碼法
running time（=run time）	运行时间	運行時間
run time	运行时间	運行時間

S

英　文　名	大　陆　名	台　湾　名
SA（=selective availability）	选择可用性	選擇性效應
SAIF（=spatial archive and interchange format）	空间档案及交换格式	空間檔案及交換格式
sample	采样	取樣
sampling density	采样密度	取樣密度
sampling interval	采样间隔	取樣間隔
sampling schema	采样模式,抽样模式	取樣模式

英　文　名	大　陆　名	台　湾　名
sampling strategy	采样策略	取樣策略
satellite constellation	卫星星座	衛星星座
satellite image	卫星影像	衛星影像
Satellite Pour l'observation de la Terre（SPOT）	法国地球观测卫星	史波特衛星
saturation	饱和度	飽和度
scalability（＝tensibility）	可扩展性	擴充性
scalable	可伸缩	可伸縮
scalable vector graphics（SVG）	可缩放矢量图形	可擴展向量圖形
scale	比例尺	比例尺
scale factor	比例因子	比例因子
scale range	比例范围	比例範圍
scan line	扫描线	掃描線
scan map	扫描地图	掃描圖
scanner	扫描仪	掃描機
scanning	扫描	掃描
scatter chart	散点图	散點圖
scatter plot（＝scatter chart）	散点图	散點圖
scene	场景	景象
schema	模式	模式
scratch file	暂存文件	暫存檔案
scratch space	暂存空间	暫存空間
screen copy	屏幕拷贝	畫面複製
screen copy device	屏幕拷贝设备	屏幕拷貝設備
script	脚本	腳本
script file	脚本文件	指令碼檔案
scrubbing（rubber sheeting）	橡皮拉伸	橡皮伸縮
SCS（＝sensor collection service）	传感器采集服务	感測器服務
SDE（＝spatial database engine）	空间数据库引擎	空間數據庫引擎
SDI（＝spatial data infrastructure）	空间数据基础设施	空間資料基礎設施,空間資料基礎建設
SDLC（＝synchronous data link control）	同步数据链接控制	同步資料連結控制
SDML（＝spatial data manipulation language）	空间数据操作语言	空間資料操作語言
SDTS（＝spatial data transfer standard）	空间数据转换标准	空間資料交換標準
seamless database	无缝数据库	無接縫資料庫
seamless integration	无缝集成	無縫集成
search（＝query）	查询,检索	查詢,搜尋

英 文 名	大 陆 名	台 湾 名
search radius	搜索半径	搜索半徑
search tolerance	搜索阈值	搜索阈值
seat	座位	座位
SEC (=section table)	节表	節表
secant	正割	正割
secant projection	正割投射	正割投射
second normal form	第二范式	第二級正規劃
section	节	節
section table (SEC)	节表	節表
secure socket layer (SSL)	安全端口层	安全端口層
seek function	寻径分析功能	尋徑分析功能
segment	线段	線段
selectable layers	可选择层	可選擇層
select connected cells dialog box	选择连接的图元对话框	選擇連接的圖元對話框
selected set	选择集	選擇集
selected value	选择值	選擇值
selection	选择	選擇
selection anchor	选择起点	選擇起點
selection file	选择文件	選擇文件
selective availability (SA)	选择可用性	選擇性效應
semantic information	语义信息	語義訊息
semantic translator	语义转换器	語義轉換
semiautomated digitizing	半自动数字化	半自動數化
semi-major axis	半长轴	半長軸
semi-minor axis	半短轴	半短軸
semivariogram	半变异函数	半變異函數,半變異量
sensor	传感器	傳感器
sensor collection service (SCS)	传感器采集服务	感測器服務
sensor model language (SML)	传感器模型语言	感測器模式語言
sensor web	传感器网络	感測器網路
sequential file	顺序文件	連續檔案
serial communication	串行通信	序列式通訊
serialization	串行化	串行化
serialization file	串行化文件	串行化文件
series of conditional values	系列条件值	系列條件值
server	服务器	伺服器
server account	主机账号	主機賬號
server context	服务器上下文	服務器上下文

英　文　名	大　陆　名	台　湾　名
server directory	服务器目录	服務器目錄
server object	服务器对象	伺服器物件
server object isolation	服务器对象隔离	伺服器物件隔離
server object type	服务器对象类型	伺服器物件類型
server product	服务器产品	伺服器產品
service	服务	服務
serviceability（=fitness for use）	适用性	適用性
service chain	服务链	服務鏈
service interface	服务界面	服務介面
service metadata	服务元数据	服務詮釋資料
service model	服务模式	服務模式
service request	服务请求	服務要求
servlet	服务器端组件	服務器端組件
servlet connector	服务器端组件连接	服務器端組件連接
servlet engine	服务器端组件引擎	服務器端組件引擎
session state	会话状态	會話狀態
set function	集合函数	集合函數
SGML（=Standard for General Markup Language）	通用置标语言标准,通用标记语言标准	通用置標語言標準,通用標記語言標準
shaded relief image	阴影消除图像	陰影消除圖像
shade symbol	阴影象征	陰影象徵
shading	遮蔽	繪影
shallowly stateful application	浅状态应用	淺狀態應用
shape	形状	形狀
shapefile	shape 文件格式	shape 檔案格式
share	共享	分享,共用
shared boundary	共享边界	共享邊界
shared vertex	共享顶点	共享頂點
shield	屏,遮盖	屏,遮蓋
shortcut menu	快捷选单,热键选单	熱鍵菜單
shortest path analysis	最短路径分析	最短路徑分析
shortest route	最短路径	最短路徑
SIC code（=standard industrial classification code）	标准工业分类码	標準工業分類碼
side offset	侧向位移	側向位移
side-shot course	侧向投射过程	側向投射過程
SIF（=standard interchange format）	标准交换格式	標準交換格式
signal	信号	信號

英 文 名	大 陆 名	台 湾 名
signal-noise ratio (SNR)	信噪比	信噪比
similar analysis	相似分析	相似分析
simple conditional value	简单条件值	簡單條件值
simple conic projection	单圆锥投影	簡單圓錐投影
simple edge feature	简单边要素	簡單邊特徵
simple feature	简单要素	簡單特徵
simple feature model	简单要素模型	簡單物徵模式
simple junction feature	简单交叉点要素	簡單交叉點特徵
simple Kriging	简单克里金法	簡單克利金法
simple measurement	简单测量值	簡單測量值
simple object	简单对象	單一物件
simple object access protocol (SOAP)	单一对象访问协议	簡單物件存取協定
simple relationship	简单关系	簡單關係
simple temporal event	简单暂时时间	簡單暫時時間
simple transformation	简单转换	簡單轉換
simplification	简化	概括化
simulation	模拟,类比	模擬,類比
single point positioning	单点定位	單點定位
single precision	单精度	單精度
single token	单个记号	單個記號
singleton	单态类	單態類
single use	单个使用	單個使用
single-user geodatabase	单用户地理数据库	單用戶地理資料庫
sink	下沉	下沈
site prospecting	位置探测	位置探測
site starter	位置起动钮	位置起動鈕
sketch	草图	草圖
sketch constraint	草图约束	草圖約束
sketch operation	草图操作	草圖操作
sketch tool	草图工具	草圖工具
skew	偏斜	偏斜
slice	片	片
slicing	分片	分刮
sliver polygons	破碎多边形,无意义多边形	狹縫多邊形
slope	坡度	坡度
slope image	坡度图像	坡度圖像
small-scale	小比例尺	小比例尺

英　文　名	大　陆　名	台　湾　名
SML（＝sensor model language）	传感器模型语言	感測器模式語言
smoothing	平滑	平滑化
SNA（＝system network architecture）	系统网络结构	系統網路架構
snapping	捕捉	相接
snapping distance	捕捉距离	相接距離
snapping environment	捕捉环境	捕捉環境
snapping extent	捕捉范围	捕捉範圍
snapping priority	捕捉优先级	捕捉優先級
snapping properties	捕捉特性	捕捉特性
snapping tolerance	捕捉容差	捕捉容差
snapshot	快照	定格資料獲取或查詢
snap tip	捕捉提示	捕捉提示
SNR（＝signal-noise ratio）	信噪比	信噪比
SOAP（＝simple object access protocol）	单一对象访问协议	簡單物件存取協定
SOC（＝start of conversion pulse）	转换脉冲起始	脈衝起始
softcopy	软拷贝	軟式拷貝
software	软件	軟體
software engineering	软件工程	軟體工程
software package	软件包	套裝軟體
solid	体	體
solid map	立体地图	土壤圖
solution	方案	方案
sort	排序	排序
soundex	探测法	探測法
source table	源表	源表
space	空间	空間
space coordinate system	空间坐标系统	空間坐標系統
spaghetti data	非结构化数据	無位相關係資料
spaghetti data model	非结构化数据模型	無位相資料模式
spaghetti digitizing	无序数字化	流線數字化
spatial adjustment	空间纠正	空間糾正
spatial analysis	空间分析	空間分析
spatial archive and interchange format（SAIF）	空间档案及交换格式	空間檔案及交換格式
spatial attribute	空间属性	空間屬性
spatial autocorrelation	空间自相关	空間相關性
spatial bookmark	空间书签	空間書籤
spatial correlation	空间相关	空間關聯

英 文 名	大 陆 名	台 湾 名
spatial data	空间数据	空間資料
spatial database	空间数据库	空間資料庫
spatial database engine（SDE）	空间数据库引擎	空間資料庫引擎
spatial data clearinghouse	空间数据交换网站	空間資料交換網站
spatial data infrastructure（SDI）	空间数据基础设施	空間資料基礎設施,空間資料基礎建設
spatial data manipulation language（SDML）	空间数据操作语言	空間資料操作語言
spatial data mining	空间数据挖掘	空間資料挖掘
spatial data model	空间数据模型	空間資料模式
spatial data structure	空间数据结构	空間資料結構
spatial data transfer standard（SDTS）	空间数据转换标准	空間資料交換標準
spatial datum	空间基准	空間基準面
spatial domain	空间域	空間域
spatial filtering	空间滤波	空間濾波
spatial function	空间函数	空間函數
spatial grid	空间格网	空間網格
spatial indexing	空间索引	空間索引
spatial information	空间信息	空間資訊
spatial join	空间连接	空間聯接
spatial modeling	空间建模	空間建模,空間模式
spatial object	①空间对象 ②空间目标	①空間物件 ②空間目標
spatial overlay	空间叠加	空間疊加
spatial overlay analysis	空间叠加分析	空間疊加分析
spatial query	空间查询	空間查詢
spatial reference system	空间参照系	空間參考坐標系統
spatial relationship	空间关系	空間關係
spatial resolution	空间分辨率	空間解析度
spatial structured query language（SSQL）	空间结构化查询语言	空間結構化查詢語言
spatial unit	空间单元	空間單元
spatio-temporal data	时空数据	時空資料
spatio-temporal database	时空数据库	時空資料庫
spatio-temporal element	时空元素	時空元素
spatio-temporal queries	时空查询	時空查詢
specification	规范	規格
specifier（=descriptor）	描述符	描述資料
spectral resolution	光谱分辨率	光譜解析度
spectral signature	光谱信号	光譜曲線圖

英　文　名	大　陆　名	台　湾　名
spectrophotometer	分光光度计	分光光度計
spectroscopy	光谱学	光譜學
sphere	球体	球體
spherical coordinate system	地球坐标系统	地球坐標系統
spheroid	椭球体	球狀體
spike	毛刺	突兀
spline	样条	曲規線
spline interpolation	样条插值	樣條插值
split character	分割符	分割符
split policy	分割策略	分割策略
SPOT (= Satellite Pour l'observation de la Terre)	法国地球观测卫星	史波特衛星
spread function	扩散函数	擴散分析功能
SQL (= structured query language)	结构化查询语言	結構化查詢語言
SSL (= secure sockets layer)	安全端口层	安全端口層
SSQL (= spatial structured query language)	空间结构化查询语言	空間結構化查詢語言
standard	标准	標準
standard deviation	标准差	標準差
standard deviation classification	标准差分类	標準差分類
Standard for General Markup Language (SGML)	通用置标语言标准,通用标记语言标准	通用置標語言標準,通用標記語言標準
standard industrial classification code	标准工业分类码	標準工業分類碼
standard interchange format (SIF)	标准交换格式	標準交換格式
standardization	标准化	標準化
standardization process	标准化过程	標準化過程
standard parallel	①标准纬线 ②双标准纬线	①標準緯線 ②雙標準緯線
start of conversion pulse (SOC)	转换脉冲起始	脈衝起始
start point	起点	起點
state	状态	狀態
static positioning	静态定位	靜態定位
stationing	设站	定位
statistic	统计	統計
statistical analysis	统计分析	統計分析
statistical surface	统计面	統計表面
steradian	球面度	球面度
stereo	立体	立體

英　文　名	大　陆　名	台　湾　名
stereocompilation	立体编辑	立體編輯
stereographic projection	球面投影	立體投影
stereometer	体积计	體積計
stereomodel	立体模型	立體模型
stereopair	立体像对	立體像對
stereoplotter	立体测图仪	立體測圖儀
stereoscope	立体镜	立體鏡
stereotype	构造型	構造型
stochastic model	随机模型	隨機模型
storage keyword	存储关键字	存儲關鍵字
store market analysis	市场分析	市場分析
straight-line direction	直线方向	直線方向
straight-line distance	直线距离	直線距離
stream	流	流
stream mode	流模式	連續數化模式
stream mode digitizing	流式数字化	流式數位化
stream tolerance	流容差	流容差
street-based mapping	街道制图	街道製圖
street centerline	街道中心线	街道中心線綫
street network	街道网	街道網
stretch	拉伸,伸长	拉伸,伸長
string	字符串	線段串,字元串
structured query language（SQL）	结构化查询语言	結構化查詢語言
study area	训练区	訓練區
style	样式	形式
style manager	样式管理器	樣式管理器
style sheet	样式模板,样式表	樣式模板,樣式表
sub-satellite point	星下点	星下點
subtractive primary colors	减色法三原色	減色法三原色
subtype	子类型	子類型
suitability model	适宜性模型	適宜性模型
surface	表面	表面
surface fitting	曲面拟合	表面貼合
surface mode	表面模式	表面模式
surface model	表面模型	表面模型
surface smoothness	曲面光滑	曲面光滑
survey class	测量类	測量類
survey data set	测量数据集	測量資料集

英　文　名	大　陆　名	台　湾　名
surveying	测量	測量
survey layer	测量层	測量層
survey mark	测标	測標
survey object	测量对象	測量對象
survey point	测点	測點
survey project	测量工程	測量工程
survey station	测站	測站
sustainable development	可持续发展	持續性的發展
SVG（=scalable vector graphics）	可缩放矢量图形	可擴展向量圖形
Sybase database	Sybase 数据库	Sybase 資料庫
symbol	符号	符號
symbol ID code	符号识别码	符號識別碼
symbolization	符号化	符號化
symbol level	符号层	符號層
symbology	符号学	象徵學
synchronization version	版本一致性	版本一致性
synchronous communication	同步通信	同步通訊
synchronous data link control（SDLC）	同步数据链接控制	同步資料連結控制
syntax	语法	語法
synthetic resolution	综合分辨率	綜合解析度
systematic error	系统误差	系統誤差
system integration	系统集成	系統整合
system network architecture（SNA）	系统网络结构	系統網路架構

T

英　文　名	大　陆　名	台　湾　名
table	表	表格
table of contents	内容表	内容表
tablet coordinates	数字化仪坐标	數位儀器坐標
tablet menu	数字化仪选单,数字化仪菜单	數位儀器選單
table view	表视图	表視圖
tabular data	图表数据	表格資料
tag	标签	標籤
tagged image file format（TIFF）	TIFF 格式	標記影像檔案格式, TIFF 格式
tagged value	标记值	標記值

英　文　名	大　陆　名	台　湾　名
tagging	加注标记	標記
tangent projection	切投影	切投影
target（＝object）	目标	目標
target area	目标区	目標區
target computer	目标计算机	目標計算機
target layer	目标图层	目標圖層
target offset	目标偏移[量]	目標位移
target point	目标点	目標點
target recognition	目标识别,目标辨认	目標識別,目標辨認
taxonomy	分类法,分类学	分類學
TB（＝terabyte）	万亿字节,太字节,10^{12}字节	兆位元組
TCP/IP（＝Transmission Control Proto-col/Internet Protocol）	TCP/IP 协议	傳輸控制協定,網際網路協定
technology viewpoint	技术视点	技術觀點
teleprocessing	远程信息处理	遠端處理
telnet	远程登录	遠端登入程式
template	模板	樣板
temporal	①时间的 ②时态的	①時間的 ②時態的
temporal accuracy	时间精度,时间准确度	時間精度,時間準確度
temporal attribute	时态属性	時間屬性
temporal characteristic	时态特征	時間特徵
temporal coordinate	时态坐标	時間坐標
temporal database	时态数据库	時間性資料庫
temporal dimension	①时间维 ②时态尺度	①時間維度 ②時間尺度
temporal event	瞬时事件	瞬時事件
temporal file	临时文件	臨時文件
temporal object	瞬时对象	瞬時對象
temporal object table	瞬时对象表	瞬時對象表
temporal observation	时态观察	時態觀察
temporal observation table	时态观察表	時態觀察表
temporal offset	瞬时偏移[量]	瞬時位移
temporal position	时态定位	時間定位
temporal reference system	时间参照系	時間參考系
temporal relationship	时态关系	時間關係
temporal resolution	时间分辨率	時間解析度
temporal-spatial resolution	时空分辨率	時空解析度
temporal window	临时窗口	臨時視窗

英 文 名	大 陆 名	台 湾 名
temporary data set	时态数据集	時態資料集
terabyte（TB）	万亿字节,太字节,10^{12}字节	兆位元組
terminating node	终结点	終點
terrain	地形	地形
terrain analysis	地形分析	地形分析
terrain correction	地形改正	地形改正
terrain emboss	地形浮雕	地形浮雕
terrain factor	地形因子	地形因子
terrain features	地形特性	地形特徵
terrain information	地形信息	地形資訊
terrain model	地形模型	地形模型
tessellation	棋盘型分布	棋盤型分佈
tessellation data model	镶嵌式数据模型	棋盤式資料模式
tesseral	网状多边形	網狀多邊形
testbed	测试平台	測試平台
test verdict	测试判定	測試判定
text	文本	文字
text attribute	文本属性	文字屬性
text data	文本数据	文字資料
text file	文本文件	文本文件
text formatting tag	文本格式标记	文本格式標記
text object	文本对象	文字物件
text rectangle	文本框	文字矩形區
text style	文本样式	文字樣式
text symbol	文本符号	文本符號
texture	纹理	紋理
texture analysis	纹理分析	紋理分析
texture coordinate	纹理坐标	紋理坐標
texture mapping	纹理映射	紋理映射
text window	文本窗口	文字視窗
thematic	专题,主题	主題
thematic attribute	专题属性	主題屬性
thematic cartography	专题地图学	專題地圖學
thematic data	专题数据	專題資料
thematic map	专题图	主題地圖
thematic mapper（TM）	专题制图仪	主題製圖儀
thematic mapping	专题制图	主題式製圖

英　文　名	大　陆　名	台　湾　名
theme（=thematic）	专题,主题	主題
theme image	专题影像	主題影像
theme table	专题表	專題表
theodolite	经纬仪	經緯儀
Thiessen polygon	泰森多边形	徐昇多邊形
thinning	细化	細線化
thread	线程	線程
three-tier configuration	三层结构	三層結構
threshold	阈值	門檻值
threshold ring analysis	阈值范围分析	阈值範圍分析
thumbnail	缩略图	縮略圖
tic	配准控制点	控制點
tidal datum	潮位基准	潮位基準
tie point	连接点,约束点	控制點
TIFF（=tagged image file format）	TIFF 格式	標記影像檔案格式, TIFF 格式
TIGER（=topologically integrated geographic encoding and referencing）	拓扑统一地理编码格式	位相整合地理編碼與參考系統,泰格爾系統格式
tile	块	基元
tiling	分块	分片
time data type	时间数据类型	時間資料類型
time modes	时间模式	時間模式
time stamp	时间标记	時間標記
TIN（=triangulated irregular network）	不规则三角网	不規則三角網
TIN data set	不规则三角网数据集	不規則三角網資料集
TIN layer	不规则三角网图层	不規則三角網圖層
TIN line type	不规则三角网线类型	不規則三角網線類型
TIS（=transportation information system）	交通信息系统	運輸資訊系統
TLM（=topographic line map）	地形线划图	地形線劃圖
TM（=thematic mapper）	专题制图仪	主題製圖儀
TNA（=transient network analyzer）	瞬时网络分析器	瞬時網絡分析器
token	令牌	令牌
token type value	令牌类型值	令牌類型值
tolerance	容差	容忍值
tone	色调	明暗度
toolbar	工具条	工具條
toolbox	工具箱	工具箱

英　文　名	大　陆　名	台　湾　名
toolbox tree	树形工具箱	樹形工具箱
toolkit	工具包	工具包
toolset	工具集	工具集
tool tip	工具提示	工具提示
topographical database	地形数据库	地形資料庫
topographic analysis（＝terrain analysis）	地形分析	地形分析
topographic features	地形要素	地物
topographic function	地形分析功能	地形分析功能
topographic line map（TLM）	地形线划图	地形線劃圖
topographic map	地形图	地形圖
topographic map symbols	地形图图式	地形圖符號
topography	地形测量学	地形學
topological analysis	拓扑分析	拓撲分析
topological association	拓扑连接	拓撲連接
topological coding	拓扑编码	位相編碼
topological data	拓扑数据	位相資料
topological data model	拓扑数据模型	位相資料模型
topological data structure	拓扑数据结构	位相資料結構
topological error	拓扑错误	位相錯誤
topological feature	拓扑特征	拓撲特徵
topologically integrated geographic encoding and referencing（TIGER）	拓扑统一地理编码格式	位相整合地理編碼與參考系統,泰格爾系統格式
topologically linked database	拓扑关联数据库	位相聯結資料庫
topologically structured data	拓扑结构化数据	位相結構資料
topological overlay	拓扑叠加	位相套疊
topological primitive	拓扑基元	位相基元
topological relationship	拓扑关系	位相關係
topological space	拓扑空间	位相空間
topological structure	拓扑结构	位相結構
topology	拓扑［学］	拓撲,位相
topology cache	拓扑缓存	拓撲緩存
topology fix	拓扑方位	拓撲方位
topology rule	拓扑规则	拓撲規則
toponym	地名	地名
toponymy	地名学	地名學
tour	漫游	漫遊,旅程
tracing	追踪	追蹤

英　文　名	大　陆　名	台　湾　名
track	①跟踪 ②轨迹	①跟蹤 ②軌迹
track identifier field	轨迹标示域	軌迹標示域
tracking connection	轨迹连接	軌迹連接
training	训练	訓練
training area（＝study area）	训练区	訓練區
training sample	训练样本	訓練樣本
transaction	事务处理	交易處理,異動處理
transactional database	事务处理数据库	交易處理資料庫,異動處理資料庫
transaction log	事务处理记录	異動記錄,交易記錄
transection	横断面,横截面	橫斷面
transfer format	转换格式	轉換格式
transformation	换算	坐標轉換
transformation program	转换程序	轉換程式
transformation schema	转换模式	轉換規格
transform events	转换事件	轉換事件
transient network analyzer（TNA）	瞬时网络分析器	瞬時網路分析器
transit rule	转换规则	轉換規則
translation	转化	轉化
transmission	①传送 ②发射	①傳送 ②發射
Transmission Control Protocol/Internet Protocol（TCP/IP）	TCP/IP 协议	傳輸控制協定,網際網路協定
transportation information system（TIS）	交通信息系统	運輸資訊系統
transverse Mercator projection	横轴墨卡托投影	橫麥卡托投影
transverse profile（＝transection）	横断面,横截面	橫斷面
traveling salesman problem（TSP）	旅行商问题	銷售人員外出推銷路線問題
traversal method	遍历法	遍曆法
traverse	导线	導線
traverse course	导线路线	導線路線
tree structure	树结构	樹狀結構
trend surface analysis	趋势面分析	趨勢面分析
triangle	三角形	三角形
triangular digital terrain model	三角网数字地形模型	三角網數值地形模型
triangulated irregular network（TIN）	不规则三角网	不規則三角網
triangulation	三角测量	三角網劃分
tricolor	三原色	紅綠藍彩色值
trigonometric function	三角函数	三角函數

英　文　名	大　陆　名	台　湾　名
trilateration	三边测量	三邊測量
true north	真北	真北
truth in labeling	真实标记	真實標記
TSP（=traveling salesman problem）	旅行商问题	銷售人員外出推銷路線問題
tuple	元组	記錄
turn	转换	轉換
turn feature class	特征转换类	特徵轉換類
turn impedance	转换阻抗	轉換阻抗
turn table	顺序表	順序表
two-tier configuration	两层结构	兩層結構
type inheritance	类型继承	類型繼承
type library	类型库	類型庫

U

英　文　名	大　陆　名	台　湾　名
UCS（=user coordinate system）	用户坐标系	使用者坐標系
UFD（=user file directory）	用户文件目录	使用者檔案路徑
UGIS（=urban geographic information system）	城市地理信息系统	都市地理資訊系統
UI（=user interface）	用户界面,用户接口	使用者介面
UI control	用户界面控制	使用者介面控制
UMIS（=urban management information system）	城市管理信息系统	都市管理資訊系統
UML（=Unified Modeling Language）	通用建模语言	統一塑模語言
UNC（=Universal Naming Conversion）	通用命名标准	通用命名標準
uncertainty	不确定性	不確定性
unconditional pattern	无条件模式	無條件模式
undershoot	未及	未搭
undevelopable surface	不可展面	不可展面
undirected network flow	无方向网络流	無方向網路流
unified customer interface	统一用户界面,统一用户接口	統一使用者介面
unified data structure	一体化数据结构	統一資料結構
Unified Modeling Language（UML）	通用建模语言	統一塑模語言
uniform list	统一序列	統一序列
uniform resource locator（URL）	统一资源定位器	統一資源定位器

英　文　名	大　陆　名	台　湾　名
uninitialized flow direction	未初始化流方向	未初始化流方向
unit of measure	测量单位	測量單位
universal class	通用分类	通用分類
universal description discovery and integration	通用注册搜寻机制	通用註冊搜尋機制
universal Kriging	通用克里金法	通用克利金法
Universal Naming Conversion（UNC）	通用命名标准	通用命名標準
universal polar stereographic（UPS）	通用极球面投影	通用極球面投影
universal soil loss equation	通用水土流失方程式	通用水土流失方程式
Universal Transverse Mercator（UTM）	通用横轴墨卡托投影	通用横麥卡托投影
universe of discourse	论域	論域
universe polygon	外多边形	外多邊形
unknown point	未知点	未知點
update	更新	更新
upgrade	软件版本升级	升級
upload	上传	上傳
U probability	U 概率	U 概率
UPS（=universal polar stereographic）	通用极球面投影	通用極球面投影
upstream	上行	上行
urban geographic information system（UGIS）	城市地理信息系统	都市地理資訊系統
urban management information system（UMIS）	城市管理信息系统	都市管理資訊系統
URL（=uniform resource locator）	统一资源定位器	統一資源定位器
usage	使用	使用
user	用户	使用者
user command	用户命令	用戶指令
user coordinate system（UCS）	用户坐标系	使用者坐標系
user-defined data type	自定义数据类型	自定義資料類型
user file directory（UFD）	用户文件目录	使用者檔案路徑
user identification code（=user identifier）	用户标识码	使用者識別碼
user identifier	用户标识码	使用者識別碼
user interface（UI）	用户界面,用户接口	使用者介面
user name	用户名	用戶名
user-oriented information system	面向用户信息系统	使用者導向資訊系統
user requirement analysis	用户需求分析	使用者需求分析
user work area	用户工作区	使用者工作區

英　文　名	大　陆　名	台　湾　名
utilities	公共设施	公共設施
utility COM object	通用组件模型对象	通用組件模型對象
utility information system	公共设施信息系统	公共設施資訊系統
utility network map	公共设施网络地图	公共設施網路地圖
utility web service	公共设施网络服务	公共設施網路服務
UTM（＝Universal Transverse Mercator）	通用横轴墨卡托投影	通用橫麥卡托投影

V

英　文　名	大　陆　名	台　湾　名
validation	验证	驗證
validation rule	验证规则	有效規則
validity	①确定性 ②有效性	①確定性 ②有效性
valid value table（VVT）	有效值表	有效值表
value	值	值
value attribute table（VAT）	值属性表	值屬性表
value domain	值域	值域
variable	变量	變量
variance	方差	方差,變方
variance-covariance matrix	方差-协方差矩阵	方差-協方差矩陣
variant（＝variable）	变量	變量
variogram	变量图	變異圖
VAT（＝value attribute table）	值属性表	值屬性表
vector	矢量	向量
vector analysis	矢量分析	矢量分析
vector data	矢量数据	向量式資料
vector data format	矢量数据格式	向量式資料格式
vector data model	矢量数据模型	向量資料模式
vector data structure	矢量数据结构	向量資料結構
vectorization	矢量化	向量化
vectorization settings	数字化设置	數字化設置
vectorization trace tool	数字化追踪工具	數字化追蹤工具
vector map	矢量地图	向量圖
vector plotting	矢量绘图	矢量繪圖
Vector Product Format（VPF）	［美国］矢量产品格式	向量產品格式
vector representation	矢量表示	矢量表示
vector topology	矢量拓扑	向量位相關係
vector-to-raster conversion	矢量-栅格转换	向量網格轉換

英 文 名	大 陆 名	台 湾 名
vegetation index	植被指数	植生指標,植被指數
verifiability	置信度	可證實性
verification	确认	確認
verification test	置信度测试	可信度測試
version	版本	版本
version management	版本管理	版本管理
version merging	版本合并	版本合併
version reconciliation	版本一致	版本一致
vertex	折点,顶点	頂點
vertical control	垂向控制	垂向控制
vertical control datum	垂向控制基准	垂向控制基準
vertical datum	高程基准	高程基準面
vertical exaggeration	垂向夸张	垂向誇張
vertical integration	纵向集成,纵向整合	垂直整合
vertical photograph	垂直摄影像片	垂直攝影像片
video capture	视频获取	視訊擷取
view	视图	檢視
viewer	①观察器 ②观察者	①觀察器 ②觀察者
viewpoint	视点,观察点	視點,觀察點
viewport	可视区,视口	可視範圍
viewshed	视域	視域
viewshed analysis	可视域分析	視域分析
viewshed map	视域图	視域地圖
virtual directory	虚拟路径	虛擬路徑
virtual map	虚拟地图	虛擬地圖
virtual memory	虚拟内存	虛擬記憶體
virtual page	虚拟页	虛擬頁
virtual reality（VR）	虚拟现实	虛擬實境
virtual study area	虚拟研究区	虛擬研究區
virtual table	虚拟表	虛擬表
virtual terminal	虚拟终端机	虛擬終端機
visibility analysis	可视性分析,通视分析	通視分析
visible scale range	可视比例范围	可視比例範圍
visual interpretation	目视判读	目視判讀
visualization	可视化	視覺化
visualization in scientific computing	科学计算可视化	科學計算視覺化
volume（＝solid）	体	體
voxel	体元,体素	體元

英　文　名	大　陆　名	台　湾　名
VPF (=Vector Product Format)	[美国]矢量产品格式	向量产品格式
VR (=virtual reality)	虚拟现实	虚擬實境
VVT (=valid value table)	有效值表	有效值表

W

英　文　名	大　陆　名	台　湾　名
wait time	等待时间	等待時間
walk mode	步行模式	步行模式
WAN (=wide area network)	广域网	廣域網路
WAP GIS (=wireless application protocol GIS)	无线网地理信息系统	無線應用通訊協定之 GIS
watershed	分水岭	分水嶺
wavelength	波长	波長
WCS (=world coordinate system)	世界坐标系	世界坐標系
web application	万维网应用	萬維網應用
web application template	万维网应用模板	萬維網應用模板
web browser	万维网浏览器	萬維網瀏覽器
web control	万维网控件	萬維網控件
web feature server (WFS)	万维网要素服务器	網路圖徵服務器
web form	万维网表单	萬維網表單
Web GIS	万维网地理信息系统	網路地理資訊系統
web mapping	万维网制图	網路製圖
web map server specification	万维网地图服务器规范	網路地圖服務規範
web portal	万维网门户,万维网入口	萬維網門戶,萬維網入口
web registry service	万维网注册服务	網路註冊服務
web server	万维网服务器	萬維網服務器
web service	万维网服务	網路服務
web service catalog	万维网服务目录	萬維網服務目錄
web service description language (WSDL)	万维网服务描述语言	網路服務描述語言
web site	万维网站点	萬維網站點
weight	权重	權重
weight filter	加权滤波器	加權濾波器
WFS (=web feature server)	万维网要素服务器	網路圖徵服務器
WGS (=world geodetic system)	世界大地坐标系	世界大地坐標系
WGS84 (=World Geodetic System 1984)	1984 年世界大地坐标系	1984 年世界大地坐標系

英　文　名	大　陆　名	台　湾　名
whisk broom scanner	线扫描仪	線掃描儀
wide area network（WAN）	广域网	廣域網路
wire fvame	线框	線架構
wireless application protocol GIS（WAP GIS）	无线网地理信息系统	無線應用通訊協定之 GIS
work flow	工作流	工作流
working directory	工作目录	工作目錄
work order	工作顺序	工作顺序
workspace	工作区	工作空間
workstation	工作站	工作站
world coordinate system（WCS）	世界坐标系	世界坐標系
world geodetic system（WGS）	世界大地坐标系	世界大地坐標系
World Geodetic System 1984（WGS84）	1984 年世界大地坐标系	1984 年世界大地坐標系
world polyconic projection	全球多圆锥投影	全球多圓錐投影
world wide web	万维网	全球資訊網
World Wide Web Consortium	万维网协会	網際網路協會
WSDL（＝web service description language）	万维网服务描述语言	網路服務描述語言
W-test	W 检测	W 檢測
WWW（＝world wide web）	万维网	全球資訊網

X

英　文　名	大　陆　名	台　湾　名
XData（＝entity data）	扩展实体数据	擴展實體資料
Xi'an Geodetic Coordinate System 1980	1980 西安坐标系	1980 西安坐標系
XML（＝extensible markup language）	可扩展置标语言,可扩展标记语言	可擴展標記語言,可擴展置標語言
XML metadata interchange	XML 元数据转换	XML 詮釋資料轉換
XML recordset document	XML 记录文档	XML 記錄文件
XML workspace document	XML 工作区文档	XML 工作區文檔

Y

英　文　名	大　陆　名	台　湾　名
yaw angle	偏航角	偏航角
y-tilt	航向倾斜	航向傾斜

Z

英　文　名	大　陆　名	台　湾　名
zenithal projection	正方位投影	正方位投影
zenith angle	天顶角	天頂角
zenith distance	天顶距	天頂距
zipcode（＝postcode）	邮政编码	郵遞區號
zonal analysis	带状分析	帶狀分析
zonal rectification	分带纠正	分帶糾正
zonal statistics	分带统计	分帶統計
zone	带	帶
zone dividing meridian	分带子午线	分帶子午線
zone generation	区域生成	區域生成
zone of interpolation	地表模型内插区	內插區
zoom	缩放	縮放
zoom in	放大	放大
zoom out	缩小	縮小